山东省沉积岩型观赏石

张修龙　胡兆国　张保涛　编著

中国石化出版社

图书在版编目（CIP）数据

山东省沉积岩型观赏石 / 张修龙，胡兆国，张保涛编著 . —北京：中国石化出版社，2022.5
ISBN 978-7-5114-6658-7

Ⅰ. ①山… Ⅱ. ①张… ②胡… ③张… Ⅲ. ①沉积岩 - 观赏型 - 石 - 鉴赏 - 山东 Ⅳ. ① TS933.21

中国版本图书馆 CIP 数据核字（2022）第 061178 号

中国石化出版社出版发行
地址：北京市东城区安定门外大街 58 号
邮编：100011 电话：(010)57512500
发行部电话：(010)57512575
http://www.sinopec-press.com
E-mail：press@sinopec.com
北京富泰印刷有限责任公司印刷
全国各地新华书店经销
*
710×1000 毫米 16 开本 9.75 印张 155 千字
2022 年 5 月第 1 版 2022 年 5 月第 1 次印刷
定价：78.00 元

编 委 会

前　言

山东是我国古人类发源地和古文化发祥地之一，古文化的发展与古人类进化过程一样，也是从使用石器开始的。

在山东以石头作为观赏物早在商周时期就有记载，而作为玩石把件的出土文物几乎见于各个历史时期。由此可见，山东对于沉积岩型观赏石的认识和开发历史悠久。初步统计，自战国时期（《尚书·禹贡》）至新中国成立之前，诸古籍记载的山东观赏石类型多达二三十种。新中国成立以后，尤其是改革开放以来，随着人们生活水平的提高和观赏石文化的迅速复苏，山东沉积岩型观赏石开发得到迅速发展，目前，已开发的品种达几十种。与此同时，山东观赏石经销商及观赏石收藏者和爱好者编写、出版了一些有关观赏石（奇石）图册、图书，大大推动了山东观赏石开发，活跃了观赏石市场。

观赏石资源是赏石文化事业和产业发展的物质基础，也因此被赏石爱好者、收藏家和从事赏石事业的工作者及资源产地的各级政府高度关注。开展山东观赏石资源方面的地质调查与研究，加强观赏石地质属性的宣传，对丰富人们的地学科普知识、了解山东地壳演化、增强爱护地球、保护环境的意识等都具有重要意义。在上述背景下，山东省自然资源厅出资，山东正元地质勘查院2019年至2021年主持完成了省级地质勘查项目“山东省沉积岩岩石自然形态演变及影响机理研究”。笔者在深入调查、研究的基础上完成了本书的创作。

全书共分6章，第一章介绍了观赏石的基本概念及山东省沉积岩型观赏石的概况；第二章介绍了山东省自然地理条件、区域地质概况等沉积岩型观赏石形成的地质背景；第三章介绍了山东省沉积岩型观赏石的分类及分布；第四章介绍了山东省沉积岩型观赏石的资源特征；第五章介绍了沉积岩型观赏石的资源鉴赏；第六章介绍了山东省沉积岩型观赏石的开发利用现状。

《山东省沉积岩型观赏石》的出版得到了相关部门领导的大力支持。在项目实施和书稿编写的过程中，山东省观赏石协会以及宋志勇、赵书泉、徐孟军等给予了指导，提出了许多宝贵意见。

限于作者的知识和学术水平，书中难免存在一些缺点、错误和不足之处，恳请读者惠予指正。另外，书中引用了许多国内外专家学者的学术观点和部分数据、照片，虽在文献中列出，但难免有疏漏之处，还请予以谅解。

编者

2022年2月于济南

目　　录

第一章　绪论……1
第一节　观赏石的基本概念……1
第二节　山东观赏石文化……1

第二章　山东省沉积岩型观赏石形成的地质背景……4
第一节　自然地理概况……4
第二节　地质背景……6

第三章　山东省沉积型观赏石分类及分布……13
第一节　山东省沉积岩型观赏石分类……13
第二节　山东省沉积岩型观赏石分布……18

第四章　山东省沉积岩型观赏石资源特征……23
第一节　造型石类沉积岩型观赏石……23
第二节　图纹石类观赏石特征……58
第三节　生物化石类观赏石特征……115

第五章　山东省沉积岩型观赏石资源鉴赏……123
第一节　观赏石鉴评标准……124

第二节　典型沉积岩型观赏石资源鉴赏 ……………………………………127

第六章　沉积岩型观赏石开发利用现状及保护开发……………………… 136

第一节　开发利用现状 …………………………………………………136

第二节　资源保护与开发利用建议 ……………………………………142

参考文献……………………………………………………………………… 146

第一章　绪论

第一节　观赏石的基本概念

观赏石是指自然形成且可以采集的，并具有观赏价值、收藏价值、经济价值和科学价值的石质艺术品。此外，还可涵盖奇峰异石等自然景观石及工艺石等。沉积岩型观赏石是指沉积作用形成的观赏石。

观赏石的发展从最初的艺术美、象形化逐步发展为融色彩、形状、内涵于一身的综合载体，从追求简单的形态美到文人墨客或帝王之家赋予的精神寄托或文化内涵，这个过程的发展集中体现了观赏石的发展过程。

第二节　山东观赏石文化

当前人们对观赏石的采集、加工、观赏、收藏、品评及石品艺术性研究等行为称为石文化，或奇石文化、观赏石文化、赏石文化等，本书选择“赏石文化”一词。

从一定意义上可以说，人类文明的开始就是从制造和使用石头开始的。以山东为例，在距今约250万年至距今约1万年的旧石器时代，古人类就已经用打制石器作为劳动工具和武器了，即所谓的“普石文化”早期阶段。山东新泰、蓬莱、长岛等旧石器时代人类活动遗迹中发现的以石器为主要标志的古文化层，是山东古人类经历了这一“普石文化”早期阶段的证据（吴文峰，2009；徐孟军，2003）。

距今约7000年前，山东古人使用的石器已从以打制石器为主，进入到以磨制石器为主的新石器时代。在山东境内已发现的泰安大汶口、济南、龙山、章丘城子崖、沂河流域、滕州北辛、胶州白石村和邱家庄、平度岳石、郯城马陵山等一批新石器时代人类活动遗址中，出土的磨制石器和石（玉）质工艺品，表明在当时的山东，“赏石文化”已从“普石文化”中衍生出来，是“赏石文化”的萌芽阶段（贾祥云等，1999；卢保奇，2005）。由此可见，石头文化不仅是人类文明的起源，也是艺术的起源。

距今4000年前的夏代，产于泰山沟谷中的“怪石”（唐代孔颖达注释中的“好石似玉者”可能是今产于泰山西麓的“泰山玉”）已经被列为贡品（《尚书·禹贡》记载“泰山山谷产怪石，是贡品”）。与此同时，产于泗水上游的音响石“泗滨浮磬”也作为贡品上呈宫廷，用制打击乐器“石磬”。总体看来，从以“大汶口文化”为代表的原始社会的父系公社时期开始，历经夏、商、西周，直至春秋战国之交，山东的赏石文化也和其他地区一样，以观赏“玉石”为主。从春秋战国之交至隋朝，山东石种收藏与鉴赏范围已经由“玉石”扩展到其他异形石、彩色石及砚石，在《阙子》《文心雕龙》等古籍中记述了一些古代名人（如汉代张良、东晋王羲之、南北朝刘勰等）爱石、藏石、释石的故事，表明当时山东赏石文化已经有了一定程度的拓展。

自唐代起，山东赏石文化开始走向全面发展，唐代出现的在泰山石上镌刻“泰山石敢当”的习俗延续至今。唐代大书法家柳公权对“鲁砚石”的称颂、颜真卿和进士徐晦对“金星砚”的喜爱，以及大文学家苏味道（《咏石》）、李白（《望夫石》）、杜甫（《石砚》）、白居易（《双石》）等的诗篇，可见山东赏石文化在当时的繁荣景象。宋代至清代，山东赏石文化更进入全面发展时期，已有一些观赏石著述出现，如宋朝杜绾的《云林石谱》、苏东坡的《北海十二石记》（其中对砣矶石和长岛球石倍加赞赏）、清代沈心的《怪石录》等。此外，还有乾隆皇帝对红丝砚的咏叹、郑板桥写生沂蒙奇石等（徐孟军等，2003）。

从清末经民国，及至“文化大革命”时期，由于内忧外患，灾荒战乱，生活贫困和文化取向的不同及观念上的极端，山东赏石文化未得到良好的发展，基本处于沉寂状态。进入社会主义新的发展时期后，山东赏石文化逐渐复苏，展现了全新的发展面貌（文文，2009；徐孟军等，2003）。

上述对山东赏石文化的简单归纳，与全国总体情况大体是一致的。自20世纪80年代起我国呈现观赏石热以来，人们在采集、收藏、陈列、营销、交流、研究观赏石等活动的同时，涌现出一批有关观赏石方面的研究成果、专著及论文，这些成果的出现，促进了观赏石资源的开发、研究及赏石文化的发展。

据不完全统计，到2010年我国出版的有关观赏石方面的专著就有四五十种，公开发表的论文有百十篇之多。这些公开发表的有关观赏石方面的论著的内容，一少部分是讨论观赏石的资源方面，大部分是关于赏石的文化方面，其中虽然也描述观赏石的石貌特征，但其少有与地质属性联系，有的对观赏石形态、岩石组构特征、成因等的描述有悖于地质科学原理，如某商报一位记者在报道南红玛瑙的描述中说："南红玛瑙是多晶体，由于玛瑙的质地很硬，韧性较好，可塑性很强……。"这其中除了"玛瑙的质地很硬"是正确的描述外，其他描述皆为谬误，甚至将南红玛瑙观赏石纹理形成机制等作神化或带有神秘色彩等的解读，究其原因就是没有将作为矿产资源的观赏石和作为一种文化类型的赏石文化区分开来的结果，反映了观赏石作为一种地质矿产资源，其研究到目前还处于初始阶段，研究方法和表述方法还处在探索阶段。

第二章　山东省沉积岩型观赏石形成的地质背景

第一节　自然地理概况

山东省位于我国东部沿海的中北段，地处黄河下游，濒临渤海、黄海，境域为东经114° 47′30″~122° 42′18″、北纬34° 22′54″~38° 24′00″，南北最宽处约420km，东西最远距离约700km。山东境域包括半岛和内陆两部分。内陆分别与河北、河南、安徽、江苏省接壤；半岛则与辽宁、河北省及天津市隔海相望。

山东省总面积为$15.7126 \times 10^4 km^2$，占全国总面积的1.59%。山东半岛三面环海，大陆海岸线长达3121km，占全国大陆海岸线的1/6左右，仅次于广东省，居全国第二位。山东省有近陆岛屿299个，其中岩岛241座、砂岛58座，总面积$147km^2$。庙岛群岛（又称长山列岛）由21个岛屿组成，面积$52.5km^2$，为山东沿海最大的岛屿群，且为黄海、渤海的分界，岛屿岸线长693.2km，沿海滩涂面积近$4000km^2$；15m等深线以内水域面积约$1.3 \times 10^4 km^2$，近海海域约$17 \times 10^4 km^2$。

山东省下辖济南、青岛、淄博、枣庄、东营、烟台、潍坊、济宁、泰安、威海、日照、莱芜、临沂、德州、聊城、滨州、菏泽17个地级市（2012年），140个县级区划（其中49个市辖区、31个县级市、60个县），1868个乡镇。全省总人口10153万人，人口密度599人/km^2（山东省统计局，2021）。

山东省境内中部山地突起，西南、西北低洼平坦，东部缓丘起伏，形成以山地丘陵为骨架、平原盆地交错环列的地形特征，泰山雄踞中部，主峰海拔1545m，为全省最高点，黄河三角洲海拔一般为2~10m，为全省陆地最低处。

按地形的空间分布特征，可将山东分为鲁中南山地丘陵区、胶东丘陵区、鲁西南—鲁西北平原区及现代黄河三角洲等地貌区。

鲁中南山地丘陵区，其西部和北部分别以运河湖泊带和胶济铁路沿线为界，北部自青州，经安丘至胶州湾西岸，东南部沿黄海之滨抵海州湾。该区中间高、边缘低，泰山、鲁山、沂山、蒙山的主峰海拔均在千米以上，构成区域脊部；脊部两侧海拔为500~600m，为古生界和中生界地层构成的丘陵；丘陵外缘是山麓堆积平原，主要分布在胶济铁路沿线和运河湖泊以东一带，海拔为40~70m。区内石灰岩分布广泛，喀斯特地貌发育，地下裂隙溶洞水受阻后一部分涌出地表，形成诸多泉群。

胶东丘陵区，主要包括烟台、青岛、威海市所辖地区，为山东半岛的主体。除少数山峰海拔在700m以上外，大部为海拔200~300m的波状丘陵。丘陵之间被断陷盆地分隔；丘陵外缘散布着沿海平原，宽度自数千米至十余千米不等。该区中北部自西向东分布有大泽山、艾山、牙山、昆嵛山、伟德山等，它们构成半岛南北水系的分水岭。

胶莱平原介于鲁中山区与胶东丘陵区之间，包括潍坊市辖区大部分与青岛市辖区北部，系潍河、大沽河、胶莱河冲积而成，海拔多为50m左右。

鲁西南—鲁西北平原由黄河泛滥冲积而成，是华北平原的组成部分，位于运河湖带以西，胶济铁路以北，形成一个半圆形环抱着鲁中南山地丘陵，海拔大多在50m以下，自西南向东北微倾。由于黄河多次决口改道和沉积，地表形成一系列高差不大的河道高地和河间洼地，彼此重叠，纵横交错。

现代黄河三角洲呈扇状，以利津县宁海为顶端，东南至小清河河口，西北到徒骇河入海口，前缘部分突出伸入渤海湾与莱州湾之中。黄河口堆积作用很强，三角洲每年向海延伸约2~3km。

山东省水系比较发育，自然河流的平均密度为0.7km/km^{2}以上，干流长10km以上的河流有1500多条。这些河流分属于淮河流域、黄河流域、海河流域、小清河流域和胶东水系。湖泊集中分布在鲁中南山丘区与鲁西南平原之间的鲁西湖带，以济宁为中心分为两大湖群，以南为南四湖，以北为北五湖。

胶东半岛三面环海，海岸线北自无棣县的伏河口向南至日照市的绣针河口，全长3024km，沿岸有众多的天然港湾，分别构成青岛、烟台、威海、龙口、石岛、石臼所、岚山头等海港码头。近海海域中还散布着许多岛屿，其中最大的是庙岛群岛中的南长山岛，面积约12km^2。

山东省气候属暖温带季风气候类型，具有降水集中，雨热同季，春秋短暂，冬夏较长的特点，春夏秋冬四季分明。全省年平均气温为11.5~14℃，由南而北、自西向东递减。鲁西、鲁西南平均气温多在13.5℃以上，胶东半岛区则多在12.5℃以下。其总特点是季节变化显著，冬冷夏热，春季回暖迅速，秋季降温较快，一月份气温最低，平均-1~-4℃，七月份气温最高，平均24~27℃；无霜期与生长期较长：无霜期一般180~220天，全省日平均气温5℃以上的生长期一般比无霜期长10~20天。全省热量条件可满足农业一年两作的需要。

全省年平均降水量为550~950mm，降水量分布特点是南部大于北部，山区大于平原，沿海大于内陆，由东南向西北递减。降水量多集中于每年的6~9月份。降水量年际变率较大，大约每30~40年即出现一次平、枯、丰周期性循环过程。

全省多年平均年水面蒸发量为1000~1400mm。全年分配不均，冬季小，春末夏初强烈。

第二节　地质背景

山东地处华北板块南缘，大地构造单元划分为2个Ⅰ级构造，5个Ⅱ级构造，10个Ⅲ级构造，42个Ⅳ级构造，143个Ⅴ五级构造。

华北板块和苏鲁造山带Ⅰ级构造单元的分界为：北起桃村—东陡山断裂，向南接郭城—即墨断裂南段，跨胶州湾与山相家—郝官庄断裂相连，至五莲县向西沿诸城凹陷边缘和桑园凸起北缘至沂沭断裂带，顺昌邑—大店断裂南延至江苏省境内。该界线以西和西北为华北板块，南东为苏鲁造山带。苏鲁造山带是秦岭—大别造山带的东延部分，其北界是五莲断裂带和牟平—即墨断裂带，西界是昌邑—大店断裂，南界是响水—淮阴断裂。

Ⅱ级构造单元分为鲁西隆起区、华北坳陷区、胶辽隆起区、胶南—威海隆起区、苏北隆起区5个地质块体。鲁西隆起区与华北坳陷区以聊城—兰考断裂和齐河—广饶断裂为界；胶辽隆起区以昌邑—大店断裂与鲁西隆起区和华北坳陷区分界；胶南—威海隆起区和苏北隆起区以苏鲁造山带中间的近岸断裂和连云港（海州）—泗阳—嘉山断裂为界。

一、地层特征

在全国地层区划中，山东省绝大部分地层属柴达木—华北地层大区（Ⅲ）之华北地层区（Ⅲ$_4$）东南隅，分为华北平原地层分区（Ⅲ$_4^{8}$）、鲁西地层分区（Ⅲ$_4^{10}$）、鲁东地层分区（Ⅲ$_4^{11}$）和胶南—威海地层分区（Ⅲ$_4^{12}$）（图2-1）。省域内自太古宇至显生宇地层均有分布，地层发育比较齐全。

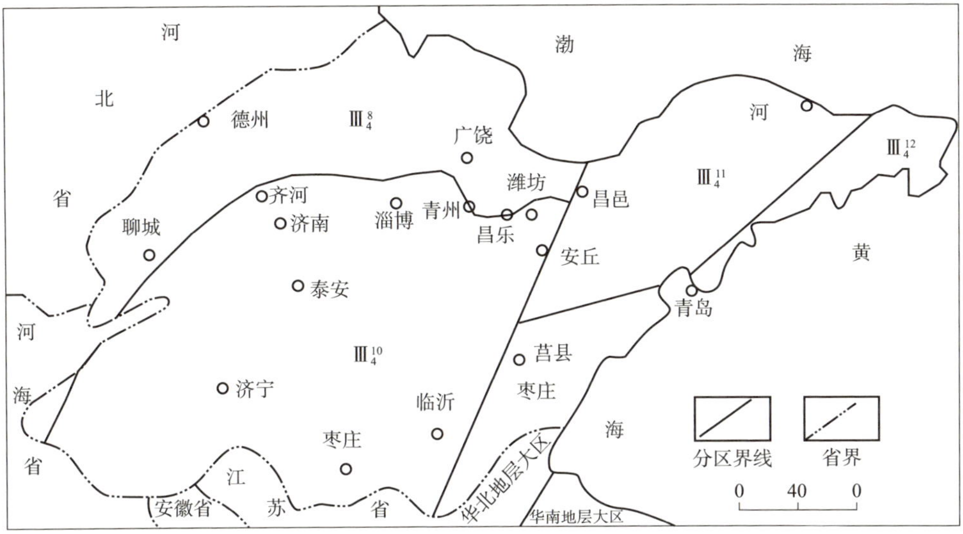

Ⅲ$_4^{8}$：华北平原地层分区；Ⅲ$_4^{10}$：鲁西地层分区；Ⅲ$_4^{11}$：鲁东地层分区；Ⅲ$_4^{12}$：胶南–威海地层分区

图2-1　山东省地层综合区划图

（一）元古界地层

古元古界地层主要分布于鲁东地层分区内，为荆山群和粉子山群，为遭受角闪岩相—麻粒岩相变质形成的沉积变质岩系，原岩为滨—浅海相碎屑岩、碳酸盐及钙镁硅酸盐沉积建造。荆山群分为禄格庄组、野头组和都崖组，粉子山群包括小宋组、祝家夼组、张格庄组、巨屯组和岗嵛组。

中元古界地层包括鲁东地层分区的芝罘群和威海—日照地层分区的五莲群，前者由低角闪岩相变质的滨海碎屑类沉积岩建造，由老爷山组、兵营组和东口组组成；后者为角闪岩相沉积变质岩系，原岩建造与粉子山群相似，由海眼口组和坤山组组成。新元古界地层包括鲁西地层分区的土门群、鲁东地层分区内的胶北地区蓬莱群、威海—日照地层分区的云台岩群和朋河石岩组，为滨浅海沉积碎屑岩夹碳酸盐岩建造，土门群划分为黑山官组、二青山组、佟家庄组、浮来山组和石旺庄组，蓬莱群包括豹山口组、辅子夼组、南庄组和香夼组。

其中，佟家庄组分布在安丘—莒县断裂以西，昌乐—九山—夏蔚—垛庄—车辋—峨山一线以东地区；由石英砂岩、藻灰岩、黄绿色页岩夹泥灰岩组成，底部以石英砂岩或黄绿色泥质砂岩夹页岩划界，顶部以黄绿色页岩基本划界，与浮来山组整合接触；整体可分为三段，下部砂岩段为灰色中厚层含砾长石石英砂岩、细砂岩、黄绿色中薄层石英粉—细砂岩夹粉砂质页岩、钙质粉砂岩及数层中厚层石英砂岩，厚度为1~70m；中部叠层石灰岩段以叠层石灰岩为主，顶部及底部可见少量砂砾岩，厚度为0.3~3.7m；上部页岩段为佟家庄组的主体，以黄绿色页岩为主夹紫红色页岩，偶夹砂质页岩及薄层泥质粉砂岩，上部夹薄层泥灰岩，厚度为100~300m。

元古宙地层中赋存的沉积岩类观赏石主要有浮来石、徐公石、波纹石（搓板石）。

（二）古生界地层

山东省古生界地层包括早古生界寒武系、奥陶系地层和晚古生界石炭系、二叠系地层，与沉积岩典型岩石发育极为密切。

寒武—奥陶系地层：广泛分布于鲁西地层分区，岩石地层可划分为寒武系长清群、寒武—奥陶系九龙群和奥陶系马家沟群。

寒武系长清群：以滨海相碎屑岩—碳酸盐岩组合为主的岩石地层单位；岩性以紫红、砖红色页岩及砂岩、云泥岩为主；自下而上分为李官组、朱砂洞组和馒头组。寒武—奥陶系九龙群：以滨海（潟湖）—浅海相碳酸盐岩为主夹页岩的岩石地层单位；岩性以灰岩、白云岩和页岩为主；自下而上分为中—晚寒武统张夏组、晚寒武统崮山组和炒米店组、晚寒武统—早奥陶统三山子组。中—晚奥陶统马家沟群：以海相碳酸盐岩为主的岩石地层单位；主要岩性为石灰岩、白云岩；自下而上分为东黄山组、北庵庄组、土峪组、五阳山组、阁庄组和八陡组。

石炭—二叠界地层：为稳定的海陆交互相—陆相沉积岩系，分布于鲁西地层分区和华北平原地层分区内，从下到上划分为月门沟群和石盒子群。晚石炭统—早二叠统月门沟群为一套海陆交互相的含煤沉积岩系，是山东主要可采煤层赋存地层，自下而上划分为本溪组、太原组和山西组。二叠系石盒子群为一套陆相沉积的碎屑岩系，自下而上划分为黑山组、万山组、奎山组和孝妇河组。

古生界地层中沉积岩岩石主要有齐鲁太湖石（费县石）、淄博（博山）文石、青州怪石、异型青石、羊背石、千层石、竹叶石、鱼子石、星星石、木鱼石、金钱石、金星石、红丝石、紫金石、天景石（尼山石）、枣花石、旋花石、燕子石（蝙蝠石）、宝塔石等。

（三）中生界地层

中生界包括三叠系、侏罗系和白垩系地层。

三叠系地层分为早三叠统石千峰群和中三叠统二马营组。石千峰群主要分布于济南—淄博地层分区，为滨—浅湖相砂岩和泥岩沉积建造。二马营组为一套河湖相沉积岩系，仅见于聊城堂邑乡陈庄钻孔中。

侏罗系淄博群分布于鲁西地层分区，为陆相含煤碎屑岩建造，由坊子组和三台组组成。

白垩系地层在各地层分区中均较发育，莱阳群为陆相碎屑沉积建造，由瓦屋夼组、林寺山组、止凤庄组、水南组、龙旺庄组、杨家庄组、曲格庄组、杜村组和法家茔组组成；青山群为中—基性火山岩建造，由后夼组、八亩地组、石前庄组和方戈庄组组成。大盛群为一套火山碎屑岩建造，包括马朗沟组、田家楼组、寺前村组和孟疃组；王氏群为湖相碎屑岩建造，包括林家庄组、辛格庄组、红土崖组、金岗口组和胶州组。

中生界地层中具观赏价值的沉积岩岩石主要有硅化木（树化玉）。

（四）新生界地层

新生界地层在山东省广泛分布，尤其在华北平原地层分区中大面积出露，包括古近系济阳群、官庄群、五图群，新近系临朐群、黄骅群和巴漏河组、白彦组，以及第四系地层。

古近系和新近系地层主要分布于鲁西地区，在华北平原地层分区呈大面积连续分布，鲁西地层分区零星分布在山间盆地中，鲁东地层分区有少量火山岩地层（临朐群）分布。

第四系地层分布广泛，主要为冲积、冲洪积和残坡积松散堆积物，岩性、厚度及区域分布差异较大。

二、断裂构造

山东省历经多次构造运动，地质构造复杂。古老结晶基底褶皱发育，沉积盖层断裂强烈。以区域断裂带为界，全省分为鲁东、鲁西、鲁北三个差异明显的断块。

（一）鲁西断块

鲁西断块包括鲁西断块隆起和沂沭断裂带两个次级构造单元。

1.沂沭断裂构造带

沂沭断裂带是纵郯庐断裂的一部分（中段），省内长330km左右；南起临沂郯城，北入渤海，呈现北东10°~15°方向延伸；北宽南窄，卫星影像清楚显示为一条规模宏大且长期活动的复杂深大断裂带。断裂带由四条主干断裂组成，自西向东依次为唐吾葛—沟断裂、沂水—汤头断裂、安丘—莒县断裂、昌邑—大店断裂。断裂带中间为地垒，两侧为地堑，沉积了巨厚的中生界地层；南、北两端为中、新生代凹陷。

2.鲁西断块隆起

鲁西断块隆起界于聊考断裂带与沂沭断裂带之间，北以齐河—广饶断裂为界。隆起基底褶皱构造强烈，多为线状倒转及等斜褶皱，轴向北西，其上沉积盖层受断裂控制，按断裂走向可分为：东西向、南北向、北西向和北东向四组。

东西向断裂：多为凸起和凹陷的边界断裂，对凹陷中新生界地层有明显控制作用，主要有单县断裂、鱼台断裂、凫山断裂、菏泽断裂、鄄城断裂、汶泗断裂、峄城断裂、枣庄断裂等。

南北向断裂：主要有曹县断裂、巨野断裂、嘉祥断裂、孙氏店断裂、峄山断裂等，多属张性断裂。

北西向断裂：主要集中于泰鲁沂山地，地貌特征突出，卫航片影像清晰。断裂活动受沂沭断裂带控制，走向由北西向转为北西西向，呈弧形向北突出展布，为中新生代断陷盆地的北边界。主要有铜冶店—孙祖断裂、新泰—垛庄断裂、蒙山断裂、尼山断裂、曹王墓断裂、长清断裂等。

北东向断裂：规模巨大，活动强烈，分布在泰沂山区，与北西向断裂相交形成弧形断裂，主要有聊考断裂、东阿—齐河断裂、淄河断裂、上五井断裂、泰安—大王庄断裂等。其中聊考断裂北起山东聊城，南至河南省兰考，全长270km左右，倾向向西，倾角一般为60°左右，是一条规模较大的隐伏活动断裂。

（二）鲁东断块

基底为太古代—元古代浅变质岩，受沂沭断裂带活动影响，中生代早期以宽缓褶皱为主，表现为胶南和胶北隆起，中部凹陷，轴向北东和近东西向，可分为五组。

东西向断裂：胶南隆起区为平行于褶皱轴的压性断裂，主要有南石河—西陡岭断裂、三岔口—高家沟断裂、相邸—大坊前断裂等。胶北隆起区多呈带状，规模不等，连续性差。

南北向断裂：规模较小，分布零星，主要有南岚—马连庄断裂、李家泊子断裂、孙家坡—战家沟断裂、凤城断裂、老母猪河断裂等。

北西向断裂：多数为多次构造运动不同应力场作用的产物，一般表现为右行压扭性，活动时间较长，主要有蓬莱—烟台断裂、蓬莱—金果山断裂、栖霞—唐家泊断裂、俚岛—海西头断裂等。

（三）鲁北坳陷

鲁北坳陷为华北断坳的一部分，南以齐河—广饶断裂为界。燕山运动时期与鲁西断隆分离，以震荡式下降为主；晚第三纪初，与华北断坳一起大面积下降，沉积了巨厚的新生界地层。

三、岩浆岩

山东省岩浆活动十分频繁，从太古宇至新生界都有发育，岩浆岩出露面积

30976km²，约占全省陆地面积的20%，以燕山期岩浆岩出露面积最大，其次为吕梁期及晋宁—震旦期岩浆岩；以沂沭断裂带为界可划分为鲁西构造—岩浆区及鲁东构造—岩浆区。

（一）鲁西构造—岩浆区

鲁西构造—岩浆区大致可分6个岩浆岩带。沂水岩浆岩带以超基性侵入岩为特征；鲁山—沂山岩、泰山—傲徕山—蒙山、马山—灵山—四海山岩浆岩带主要由中酸性花岗岩类、中基性辉长岩类侵入岩组成；鲁西中生代火山岩带和潍坊—郯城中生代火山岩带主要由喷出岩类组成。

（二）鲁东构造—岩浆区

鲁东地区岩浆岩主要有太古宙、新元古代及中生代3个形成期，由6个岩浆岩带组成，包括栖霞岩浆岩带、玲珑—平度及鹊山—昆嵛山侵入岩带、临沭—胶南及海阳—威海侵入岩带、东部沿海侵入岩带、鲁东中生代火山岩带、临朐—蓬莱新生代火山岩带。

第三章　山东省沉积型观赏石分类及分布

第一节　山东省沉积岩型观赏石分类

一、现有分类

从地质学角度认识的观赏石，它是一类矿产资源，是在地质作用下形成的具有观赏价值的岩石，包括未经人为加工而具有观赏性的岩石（可称“天然观赏石”），及经过人为切磨加工而更清晰显示其组构特征和色彩的可供观赏的岩石。对于这类人们所熟悉、很早就融入人类生活、应用历史久远的岩石，对它进行全面地科学解释，进而进行分类研究，基本是近二三十年的事，因此它又是一门年轻的学科。

在一段时间里涉足观赏石收藏和研究的人们，或缺少从地质学角度认识和研究这类岩石，或仅单纯从地质学专业学科角度认识和研究这类岩石，在一定程度上阻滞了观赏石分类研究的深入进展。直到20世纪90年代中期，一些热心观赏石研究的地质工作者，开始了有关观赏石分类的研究探索。截至目前，出现了一些观赏石分类方案，对促进我国观赏石开发和地质研究起到了重要的推动作用。

1994年，袁奎荣等依据产出地质背景、形态特征及其所具有的特殊意义等因素，将观赏石分为造型石、纹理石、矿物晶体、生物化石、事件石、纪念石和文房石等7类。这种分类方案为以后一些研究者所沿袭，或做大同小异的调整。

2006年前后，有些从地质学角度研究观赏石的专家学者，提出了依传统的地质学概念将观赏石分为“矿物类”“岩石类”和“化石类”3大类的划分方案（王实等，2006），在3大类之下，划分一些亚类，如“矿物类”之下又按化学成分划分为“自然元素”“硫化物”“氧化物”“卤化物”等一些亚类；“岩石类”又按成因、色彩、产地等划分为“沉积岩”“岩浆岩”“变质岩”，“彩石”“纹理石”及“太湖石”“泰山风景石”等一些亚类；“化石类”又按生物类别划分为“无脊椎动物”“脊椎动物”“植物”等一些亚类。

2012年，刘道荣将观赏石分为造型石、图纹石、彩色石、质地石、事件石、切磨石6个类别。这种方案中的后3类：“质地石”指硬度较高的观赏石，如雨花石、黄蜡石、和田玉、玛瑙、长岛球石等；“事件石”指陨石、月岩、浮石、玄武岩等；“切磨石”指需经切磨后才能突显岩石纹理、色彩等特征的岩石，如条纹大理石、青州红丝石等。该分类方案将“质地石”类观赏石和“切磨类”观赏石单划出来，具有借鉴意义。

2005年，中国观赏石协会成立后，在全面调研的基础上，于2007年9月14日发布了《观赏石鉴评标准》（原国土资源部，2007），该标准中将观赏石划分为造型石类、图纹石类、矿物类、化石类、特种石类5种基本类型。这种分类与近几年内山东省及其他省份有关研究者提出的观赏石分类标准大体是一致的。

此后，经过多年的不懈努力，对该标准进行修改完善，并推动其申报成为国家标准。《观赏石鉴评》（GB/T 31390—2015）国家标准已于2015年7月1日正式实施。该标准依据人们的鉴赏传统与习惯、人文意识与审美取向，以及观赏石呈现的艺术形式和特点，结合观赏石的物质组成、成因类型、产出地质及地理景观环境，将观赏石划分为岩石类、矿物晶体类、生物化石类、陨石类及其他共5种类型。岩石类观赏石指由沉积岩、岩浆岩和变质岩形成的观赏石，根据石体显现的艺术特点，进一步划分出造型石、图纹石和色质石3个亚类。

该《观赏石鉴评》（GB/T 31390—2015）中指出：

（1）造型石，以奇特或典雅的三维几何形态为主要特征，鉴赏中求其形、赏其貌；具象造型石求形态逼真，而抽象或意象造型石求寓意深刻。

（2）图纹石，以优美的图案、纹理或文字为主要鉴评要素，观其图纹赏其寓意，其中主要有画面石、纹理石和文字石；象形图纹石求形象、重写实，而抽象与意象图纹石求神韵、重写意。

（3）色质石，以色彩、光洋和质地为主要审美要素，而形态和纹理在鉴赏中处于次要地位的观赏石。

（4）矿物晶体类，由矿物晶体形成的观赏石。矿物晶体可以以单晶、双晶或晶簇的形式出现。

（5）生物化石类，由生物化石形成的观赏石。根据保存形式可分为实体、铸模、印痕等几种类型。

（6）陨石类，指外太空物质穿过大气层陨落到地面的固态物体，常见的有石陨石、铁陨石以及石铁陨石等。

（7）其他，指除以上类型之外具有特殊自然、人文意义并具有观赏价值和收藏价值的石体。

二、地质资源角度的分类

观赏石的研究，是一个涉及地质学、美学等多学科、广泛的领域。目前，在其理论体系尚未系统形成的背景下，难以将种类如此繁多而庞杂的观赏石资源提出一个全面、完整、合理的分类方案。

借鉴原国土资源部先后颁布的《观赏石鉴评标准》（2007）、《观赏石鉴评》（2015），从观赏石地质资源角度，遵从简单、实用、相对合理的原则，结合调查工作提出沉积岩型观赏石分类方案，以便于总结和交流。将山东省已知的、具有一定地质资源的沉积岩型观赏石划分为3类，即造型石类、图纹石类、生物化石类。这个分类方案与国内已有的分类方案相应的观赏石类型是一致的。3个大类之下进一步划分为亚类及石种，如表3–1所示。

表 3–1　山东省各时代沉积岩型观赏石一览表

类	亚类	石种	岩石学名称	赋存地质体	主要或代表性产地
造型石类	太湖石亚类	北太湖石（费县石）、淄博（博山）文石、青州怪石、异型青石、玲珑石、羊背石	石灰岩	寒武—奥陶系马家沟群	费县、历城、长清、临朐、莱芜、博山、青州、枣庄、新泰等地
		艾山石	细晶灰岩	寒武系地层	临沂市西郊艾山

续表

类	亚类	石种	岩石学名称	赋存地质体	主要或代表性产地
造型石类	钟乳石亚类	石钟乳、石笋、石花、石柱、石掌、石幔等	钟乳状方解石	奥陶系马家沟群	沂源土门、泰安、沂水
	叠层石亚类	叠层石（圆锥状叠层石、涡卷石）	叠层石灰岩	主要为寒武—奥陶系九龙群张夏组、炒米店组	枣庄永安、钢城颜庄等地
		石灰岩质金钱石	叠层石灰岩	寒武—奥陶系九龙群炒米店组	枣庄山亭、钢城颜庄等地
	波纹卷曲千层石亚类	波纹石（搓板石）	石英岩、砂岩	震旦系蓬莱群辅子夼组、白垩系莱阳群杨家庄组	长岛九丈崖、即墨羊山后
		千层石	薄层泥质条带灰岩等	寒武—奥陶系地层等	莱芜、临朐、平邑、费县等地
		冰雪石	角砾状灰岩	奥陶系马家沟群五阳山组	平邑县莲花山公园
		杏山石	深灰色含白云岩条带微晶灰岩	寒武系九龙群崮山组	兰陵县贾庄乡杏山
图纹石类	本象纹石亚类	杠子石	含泥云质、泥质或硅质条纹、条带的泥晶灰岩、白云岩	寒武系长清群朱砂洞组丁家庄段、寒武—奥陶系九龙群张夏组底部和炒米店组下部、石炭—二叠系地层	长清、临朐、莱芜等地
		星星石	核形石灰岩（藻灰结核）	寒武系长清群馒头组石店段	东平、长清、莱芜等地
		泗滨砭石	紫红色、黄褐色纹层状微晶灰岩	寒武系馒头组石店段	枣庄市驿城区留院、吴林，薛城区张范、沙沟，山亭区北庄镇、桑树镇等
		钙泥质纹层石（木鱼石）	纹层状粉砂云泥岩	寒武系长清群馒头组	长清双泉庄、徐毛庄、井字村、六律村、莱芜、新泰等地
		龟裂纹石	泥质灰岩	寒武系长清群馒头组	长清张夏馒头山
		鱼子石	鲕粒（状）灰岩	寒武系长清群馒头组及寒武—奥陶系九龙群张夏组、炒米店组等层位	长清、莒县、新泰、莱芜等地
		竹叶石	竹叶状（砾）灰岩	寒武—奥陶系九龙群炒米店组	长清、临朐、平邑等地
		钙质纹层石	纹层状灰岩	奥陶系马家沟群	青州、莱芜、新泰等地

续表

类	亚类	石种	岩石学名称	赋存地质体	主要或代表性产地
图纹石类	本象纹石亚类	层理石（水平层理石、斜层理石、交错层理石、缝合线石）	硅质、泥质、钙质类岩等各类岩石	新太古界—新生界各套地层中	鲁西及鲁东山地丘陵区
	切磨图纹石亚类	浮来石	墨绿色、褐黄色薄层状或透镜状含粉砂质微晶灰岩	土门群佟家庄组页岩段	莒县刘家砚疃村
		徐公石	深灰色薄层状—透镜状微晶灰岩	土门群佟家庄组页岩段	沂南县青驼镇徐公店、卢山西头、仙子峪、兰山区汪沟镇石岗岭村、柴胡山、姚店子镇土沟村、沂水县黄山铺镇小官庄村
		枣花石	黄褐色含不规则斑点、条纹的微晶或粉晶白云岩	寒武系长清群馒头组石店段	历城、长清、莱芜、潍坊、淄博、临沂、枣庄等地
		天景石（尼山石）	杂色纹层状泥云岩	寒武系长清群馒头组下页岩段	长清、莱芜、临朐、费县、平邑、曲阜等地
		龟石	灰黑色透镜状微晶灰岩	寒武系长清群馒头组	临朐县辛寨镇刘家庄
		鹤山石（龟山石）	紫红色纹层状含粉砂微晶灰岩	寒武系长清群馒头组石店段	泰安市宁阳县鹤山乡龟山、鹤山南麓
		金星石	灰黑色含黄铁矿薄层状—透镜状微晶灰岩	寒武系九龙群张夏组盘车沟段	费县探沂镇岐山社区寺口村岐山
		薛南山石	灰色透镜状细晶灰岩夹微晶灰岩	寒武系九龙群张夏组盘车沟段	兰陵县矿坑镇薛南村
		紫金石	中厚层紫灰色云泥质粉晶灰岩	寒武系九龙群炒米店组中部	临朐、泰安、长清等地
		红丝石	灰—褐—红色纹层状含白云质微晶灰岩	奥陶系马家沟群东黄山组顶部与北庵庄组底部	青州、临朐等地
		旋花石	黄褐色含不规则斑点、条纹的微晶或粉晶白云岩	奥陶系马家沟群北庵庄组	淄博、济南、莱芜、临沂等地
		红花石	浅红色—红色纹层状泥质灰岩	奥陶系马家沟群北庵庄组底部	平邑县郑城镇箕顶
		彩霞石	浅灰色—棕红色—灰褐色砂屑亮晶灰岩	寒武系长清群地层	平邑县吴家庄村西长山
		泰山天元石	灰黄色灰质、云泥质条带状含砾屑泥晶灰岩	奥陶系中期地层	东平县接山镇

续表

类	亚类	石种	岩石学名称	赋存地质体	主要或代表性产地
生物化石类	生物化石亚类	燕子石	三叶虫化石	寒武系长清群及九龙群	长清、泰安、莱芜、沂源、临朐、费县等地
		宝塔石	珠角石化石	奥陶系马家沟群	淄博、长清、历城、莱芜、临沂等地
		硅化木（树化玉）	硅化木	白垩系莱阳群杨家庄组、曲格庄组	即墨马山、莒县小穆村等地

第二节　山东省沉积岩型观赏石分布

山东省沉积岩种类繁多，分布范围广泛，形成时代自元古代到新生代均有，但以古生界寒武系、奥陶系分布最为广泛。山东省境内的沉积岩石分布区占全省岩石露头区50%以上，且种类较多，因此形成和产出的奇石种类多、分布也较广。

一、造型石类

山东省造型石类观赏石主要分布在鲁中南山地丘陵地区，该区大量出露寒武—奥陶系碳酸盐岩；此外在胶东沉积岩地区也有少量分布。据调查统计，省内共有8种主要的造型石类，包括太湖石、博山文石、钟乳石、叠层石、波纹石、千层石、冰雪石和杏山石。

太湖石类造型石是石灰岩经岩溶作用形成的多溶孔、溶沟而造型奇特的一类观赏石，是山东省主要观赏石石种之一，分布广泛，就分布的量而言是居于首位的石种。其主要分布在鲁中山地丘陵地区，较集中发育在寒武—奥陶系九龙群张夏组及奥陶系马家沟群分布区，见于鲁中南部的临沂—费县—平邑—泗水及北部的沂源—博山—临朐—历城一带，包括“瘦”“皱”“漏”“透”特征显著的太湖石（又称“北太湖石”）及欠显著的异形青石、羊背石、怪石等，统称太湖石类观赏石。该类观赏石在地貌上一般发育在寒武—奥陶系碳酸盐岩台地近河谷的二级阶地内。

博山文石，见于博山、淄川、沂源、青州、莱芜等地，主要产于淄博东南部山区，以博山和淄川为主要产地。博山文石为溶蚀的灰岩，最主要的特点是纹理清晰。博山有其产地近百余处，包括博山神头黑石湾、石炭坞老猫窝、蛟龙扫帚坡、石马、万山、白石洞、岳庄、岱庄及淄川西河、黑旺、磁村、南坪，淄博周边的产地有莱芜孝义、平洲岭、南冶、庄家沟等地；主要产地位于丘陵缓坡和山脚处，呈较平缓的层状产出，地表出露或浅覆盖。博山文石主要赋存于奥陶系马家沟群五阳山组和八陡组。

钟乳石产于石灰岩溶洞中。山东省石灰岩溶洞发育的主要层位有寒武系的张夏组、炒米店组和奥陶系的北庵庄组。钟乳石产地遍布鲁西地区，淄博、临沂、济南和潍坊都有其典型产地。沂水大峡谷地下天然画廊、淄博市沂源溶洞等是我国北方岩溶地貌的典型代表，洞穴内钟乳石丰富多彩、惟妙惟肖。

山东省叠层石赋存的层位有新元古界土门群石旺庄组、佟家庄组、二青山组，寒武系长清群，寒武—奥陶系九龙群，尤以寒武—奥陶系九龙群炒米店组中的叠层石发育最好，广泛分布在济南、泰安、淄博、莱芜、临沂、枣庄、潍坊等地。

波纹石多见于砂岩、粉砂岩、石英岩及颗粒灰岩地层中，山东省发育的层位有震旦系蓬莱群、寒武系长清群馒头组，石炭—二叠系月门沟群、石盒子群，中生界莱阳群及大盛群等，主要见于长岛、栖霞、莱芜、即墨、莒南等地。

千层石少有大规模集中分布者，多见于鲁中山区寒武—奥陶系三山子组及炒米店组内的薄层泥质、白云质条带灰岩发育的低丘—沟谷地带，主要产地有莱芜、临朐、平邑、费县等地。

冰雪石，出自山东省临沂市平邑县城莲花山、旺沟北山，安丘市辉渠镇、温泉乡、雹泉镇等地，及宁阳县鹤山乡等地，以莲花山东北角藏量最多，品质最优。

杏山石仅产于山东省兰陵县贾庄乡杏山西侧山底至山顶稍靠东侧附近，赋存于寒武—奥陶系九龙群崮山组条带状含白云石微晶灰岩与中生代燕山期石英闪长玢岩侵入接触带附近。

二、图纹石类

图纹石类观赏石从收藏或陈列的赏品来看，按其体貌特征可分为两大类：

有的图纹石类观赏石其原石本身就能清晰展现出千姿百态的纹理特征，具有一种自然美感，这类可称之为本象类图纹石，主要石种有杠子石、星星石、泗滨砭石、木鱼石、龟裂纹石、鱼子石、竹叶石、层理石等；有的图纹石纹理细腻，石体自然表面景观不清，但经切磨后则能清晰地显示出绚丽多彩的图案，这类可称为切磨类图纹石，主要石种有红丝石、金星石、徐公石、浮来石、枣花石、天景石（尼山石）、龟石、鹤山石、薛南山石、紫金石、旋花石、红花石、彩霞石、泰山天元石等。

（一）本象图纹石亚类

本象图纹石亚类沉积岩型观赏石主要石种有杠子石、星星石、泗滨砭石、木鱼石、龟裂纹石、鱼子石、竹叶石、层理石等。除了层理石遍布鲁西及鲁东山地—丘陵区新太古界—新生界各套地层中外，其余图纹石主要分布在鲁中南山地—丘陵地区，区域内大量出露寒武—奥陶系碳酸盐岩。

杠子石的发育层位主要有：寒武系长清群朱砂洞组丁家庄段；寒武—奥陶系九龙群张夏组底部和炒米店组下部；石炭—二叠系地层；此外还有奥陶系马家沟群下部层位。杠子石主要产于长清、临朐、莱芜等地。

星星石的岩石学名称为核形石。在鲁西寒武系地层出露地区均能见到核形石灰岩的发育，分布广泛。但是其发育地层比较局限，仅于李官组、朱砂洞组、馒头组及张夏组中产出，以馒头组与张夏组为主，李官组和朱砂洞组中较少见，主要分布于鲁西东南部。

泗滨砭石产地位于枣庄市驿城区留院、吴林，薛城区张范、沙沟，山亭区北庄镇、桑树镇等及泗水县西南部的金庄镇、圣水峪镇、泗张镇。砭石产于寒武系长清群馒头组石店段，岩性主要为紫红色纹层状微晶灰岩。

木鱼石因其色、纹、声酷似和尚诵经敲打的木鱼，故名木鱼石。其颜色呈紫褐色，与紫檀木的颜色相近，具木质样的纹理，又称木纹石，还有紫檀石之称，广泛分布于鲁西地区。由于岩层稳定，凡有馒头组出露的地区多有分布，尤其在济南、淄博、潍坊、莱芜、临沂、枣庄、日照等地。木鱼石的岩石名称为泥岩、泥云岩、铁质或钙质粉砂岩等，主要岩性为砖红色纹层状含砂微晶白云岩。

龟裂纹石即具有龟（泥）裂构造的一种沉积岩石。此种裂纹在平面上呈不规则形状，形似龟背的花纹，故称龟裂纹石。此类石体在山东省内发育较少，主要见于长清张夏馒头山，为发育在寒武系长清群馒头组中的泥质灰岩。

鱼子石的岩石学名称为鲕粒灰岩。鱼子石在山东广泛分布，产于寒武系长清群馒头组及寒武—奥陶系九龙群张夏组、炒米店组等地层中，主要赋存层位是寒武系张夏组。济南、泰安、莱芜、淄博、潍坊、临沂、日照、枣庄、济宁等地，可见鱼子石基岩出露区，有丰厚的资源。

竹叶石的地质学名称为竹叶状灰岩、竹叶砾灰岩或砾屑灰岩。从区域上看，竹叶石含矿岩系分布较稳定，在整个鲁西地区，凡有崮山组、炒米店组出露的地段均有赋存，典型产地有长清、莱芜、新泰、临沂、平邑、宁阳、临朐、青州等地。

钙质纹层石产于青州、莱芜、新泰、蒙阴等地，赋存于奥陶系马家沟群北庵庄组底部。

（二）切磨图纹石亚类

这类沉积岩型观赏石切磨后能够清晰地显示其特殊的纹理或鲜亮色彩，大多可以雕琢成砚台。此类图纹石类型多、产地多，分布较广。

此类观赏石在鲁西及鲁东地区都有分布，以鲁西地区为主。这些切磨图纹石亚类沉积岩型观赏石资源产自呈层状分布的沉积地层，主要产出层位有（由下而上）：青白口系—震旦系土门群佟家庄组（徐公石、浮来石），寒武系长清群馒头组［木鱼石、天景石（尼山石）、鹤山石、枣花石、龟石］，寒武—奥陶系九龙群张夏组（金星砚）及崮山组（燕子石）、炒米店组（紫金石），奥陶系马家沟群东黄山组（红丝石、旋花石）、石炭系月门沟群太原组（淄石）、白垩系莱阳群杨家庄组（田横石）等。

上述切磨图纹石亚类沉积岩型观赏石，即可制砚又因具有特殊色彩或纹理特征而可作为观赏石的类型，主要有青白口系—震旦系土门群佟家庄组青色—青黄色、具风化溶蚀纹及含铁质方解石细脉穿插的粉砂质微晶灰岩（徐公石、浮来石），寒武系长清群馒头组石店段砖红色纹层状含粉砂微晶灰岩（木鱼石），寒武—奥陶系九龙群张夏组灰黄色含黄铁矿微晶灰岩（金星石）、崮山组含三叶虫灰黄色微晶灰岩（燕子石）、炒米店组黄绿色泥纹微晶灰岩（尼山砚），奥陶系马家沟群东黄山组黄红色—砖红色含铁质微晶灰岩（红丝石石）等。

由此可见，分布在鲁西及鲁东地区不同地质单元内的切磨图纹石亚类沉积岩型观赏石原岩明显受控于地层层位，见沉积岩型观赏石资源的层位达十一二个之多（张希雨，1993；孙江浩等，2013），但主要产出层位为土门群佟家庄组，长清群馒头组，九龙群张夏组，崮山组及炒米店组，马家沟群东黄山组。这些赋存切磨图纹石亚类沉积岩型观赏石的地层岩石，是在特定的岩相古地理条件下形成的，其发育及分布严格受控于当时的海盆地、物源、气候等古地理环境控制，专属性明显。

三、生物化石类

燕子石是三叶虫化石的俗称。三叶虫最早出现于早寒武世，灭绝于二叠纪，是古生代的常见生物，尤其是寒武纪最为兴盛。由于寒武系地层在山东省广泛发育，因此三叶虫化石也在省内分布广泛，主要见于鲁西山区，在长清、泰安大汶口、莱芜、沂源、临朐、费县等地都有分布。燕子石赋存的主要层位是寒武—奥陶系九龙群崮山组，分布地域较广，在鲁西地区凡有崮山组出露的区域，几乎都有燕子石的分布，尤以莱芜九龙山等地及长清崮山—馒头山一带，燕子石享有盛名。

宝塔石是一种呈直长圆锥状、形似小宝塔的动物化石，故民间称为宝塔石，也有称为竹笋石，学名为珠角石（在南方扬子地台为直角石），头足纲、鹦鹉螺亚纲化石。宝塔石其多产于奥陶系地层中，在鲁中山区淄博、长清、历城、莱芜、临沂等地奥陶系马家沟群地层中都有发现。

硅化木是一种被硅质石化的树干化石，作为观赏石有称其为树化玉。山东省目前发现的硅化木化石均产于中生界地层中，典型产地有：莒县大石头乡北涧村—小穆村及五莲县石场南仲家村至东侯家沟村一带，产出层位为莱阳群杨家庄组；即墨马山的硅化木化石，产出层位为莱阳群曲格庄组，距今约1.3亿年。

第四章　山东省沉积岩型观赏石资源特征

第一节　造型石类沉积岩型观赏石

沉积岩型观赏石主要是由于沉积作用及成岩后地质作用形成，石种多、形态各异、多姿多彩。这类观赏石地域分布较广、种类多，是展陈较多的石种，是一类进入千家万户的大众石种。其类型主要有太湖石、钟乳石、千层石、波纹石、叠层石等。

一、太湖石

（一）概述

太湖石类造型石是石灰岩经岩溶作用形成的多溶孔、溶洞、溶沟、溶槽而造型奇特的一类观赏石，因以长江三角洲太湖地区溶蚀石灰岩最具代表性而称太湖石，具有“皱、透、瘦、漏”四大特点。后来将各地有岩溶作用形成的千孔百窍、玲珑剔透的碳酸盐岩统称为广义的太湖石。太湖石有“旱太湖”和“水太湖”亚种之分。太湖石产于水中者，因常年受水浸浪击，石性坚实，圆滑润泽，玲珑俏丽，称为“水石”。产于山地丘陵者，质较燥枯而棱角凌厉，欠婉转之美，称为“旱石”。

太湖石以产地区分为南太湖石和北太湖石。南太湖石主要产于江苏、浙江等地，多为“水太湖”，玲珑剔透。北太湖石主要产于山东，多数为“旱太湖”，粗犷浑厚，以大型石居多，以齐鲁太湖石为例。

山东太湖石类观赏石地质资源比较丰富，主要分布在鲁中山地丘陵地区。

该区古生代碳酸盐岩地层分布较广泛，经岩溶作用形成的千姿百态的太湖石类观赏石分布范围较广，资源比较丰富。如分布在鲁中地区南部的临沂—费县—平邑—泗水及北部的沂源—博山—临朐—历城等地、与产自太湖地区类似的太湖石，被称为费县太湖石或齐鲁太湖石。此外，在鲁中地区还广泛发育岩溶作用形成的类太湖石或太湖石类观赏石，如平邑、平阴、泰安、历城、沂源、博山、青州等地区的羊背石、青州怪石、异形青石、玲珑石（图4–1，图4–2）等。

图4–1　奇形异状的齐鲁太湖石（费县）

图4–2　伏于原地的太湖石类造型石原石（费县）

此类观赏石体节理裂隙及溶蚀槽沟比较发育，宜于开采、搬运；又由于其体量有大有小，大者可单列如屏或可集成假山，小者可为盆景置于案头，因此广为人们收藏和陈列，是山东及邻省内园林、庭院、室内陈列的主要石种之一。

（二）鉴赏特征

太湖石为古老的观赏石种，古人对其鉴赏评述较多。其中宋代书画家米芾是最早提出太湖石鉴赏标准的人，他提出的“瘦、皱、漏、透”的鉴赏标准，被后人誉为赏石四字诀。“瘦”指体态挺拔秀丽；“皱”指凹凸相间有序；“漏”指空洞层层相套；“透”指孔洞贯通、纹理纵横。后人又在四字后加上“清、丑、顽、拙”等概念和注释，但基本鉴赏特征还是“瘦、皱、漏、透”四字诀。米芾的四字诀当初是针对太湖石，由于它涵盖了造型类观赏石的基本美学特征，后被广泛应用于各造型类观赏石的评价（《地球科学大辞典》编委会，2006）。

山东太湖石类造型石形体雄壮粗壮，石面光洁圆润，姿态万变，曲回盘折，流畅自然；有的具象逼真，皴皱明显（图4-3~图4-6）。少有江南太湖石那样玲珑剔透之感，唯有临朐县五井镇莲花山所产太湖石，“瘦、皱、漏、透”齐备，与南太湖石十分相似。

图4-3　千姿百态太湖石（费县）

图4-4　吉祥如意山东图形太湖石（莱芜雪野）

图4-5 太湖石（莱芜苗山）（奥陶系马家沟群北庵庄组厚层灰岩）

图4-6 羊背石（历城四门塔西）（奥陶系马家沟群北庵庄组厚层灰岩）

（三）岩石特征

鲁中地区的太湖石类造型石，分布比较普遍，发育在寒武—奥陶系碳酸盐岩地层内，主要见于奥陶系马家沟群和寒武—奥陶系九龙群张夏组中。

赋存在马家沟群中的太湖石类造型石，自下而上主要发育在北庵庄组、五阳山组和八陡组中（又多见于北庵庄组内）；主要岩性为深灰色、灰白色、灰色砂屑灰岩、微晶灰岩、泥晶灰岩、豹皮状灰岩；岩石为内碎屑结构、泥晶—微晶（粉晶）结构，块状构造、层状构造、豹皮构造和条带状构造；主要矿物成分为方解石（占90%左右），含有少量白云石、生物碎屑、泥质物、石英、褐铁矿等；局部发育方解石细脉，脉宽0.01~0.1mm，脉内矿物为亮晶方解石集合体；岩石化学成分主要为CaO（47.68%~54.37%）、LOI（42.29%~44.50%），其次为SiO_2

（0.09%~2.81%）和MgO（0.39%~5.31%），少量的TFe_2O_3（0.06%~0.19%）、Al_2O_3（0.02%~0.63%）、K_2O（0.04%~0.30%）、Na_2O（0~0.22%）、MnO（0.005%~0.01%）、TiO_2（0.01%~0.03%）、P_2O_5（含量0.03%）（表4-1）。

赋存在寒武—奥陶系九龙群张夏组中的太湖石类造型石，原岩主要为深灰色厚层鲕粒灰岩（其次为豹皮灰岩和条带状灰岩）；岩石为鲕状结构、生物碎屑结构和粉晶—细晶结构，层状构造、块状构造、豹皮构造和条带状构造；主要矿物成分为方解石（75%~95%），其次为白云石（2%~25%），少量黏土和褐铁矿等，局部产地含较多生物碎屑（18%~20%）；岩石化学成分为CaO（50.16%）、LOI（41.19%），其次为SiO_2（5.27%），少量的Fe_2O_3（0.38%）、Al_2O_3（0.97%）、K_2O（0.27%）、Na_2O（0.16%）、MgO（0.86%）、MnO（0.09%）、TiO_2（0.02%）、P_2O_5（0.04%），CaO含量较高、杂质较少（表4-1）。

表 4-1　齐鲁太湖石化学成分一览表

样品编号	成分含量 /%										
	Al_2O_3	SiO_2	CaO	K_2O	TFe_2O_3	MgO	MnO	Na_2O	P_2O_5	TiO_2	LOI
LQD11QY1	0.10	0.09	49.69	0.04	0.19	4.83	0.01	0.15	0.03	0.03	44.50
LQD12QY1	0.02	0.69	54.11	0.08	0.07	0.39	0.01	0.20	0.03	0.02	43.79
LQD14QY1	0.13	0.58	54.37	0.06	0.06	0.70	0.005	0.22	0.03	0.02	43.46
YYD628QY1	0.21	2.13	51.21	0.18	0.17	2.32	0.01	—	0.03	0.02	42.88
YYD629b1	0.63	2.81	52.02	0.30	0.09	1.01	0.01	—	0.03	0.01	42.29
YYD631b1	0.43	1.60	47.68	0.29	0.15	5.31	0.01	—	0.03	0.01	43.58
LQD23QY1	0.97	5.27	50.16	0.27	0.38	0.86	0.09	0.16	0.04	0.02	41.19

（四）产地及地质特征

鲁中地区的太湖石类造型石，分布比较普遍，发育在寒武—奥陶系碳酸盐岩地层中，主要见于奥陶系马家沟群和寒武—奥陶系九龙群张夏组。质量较好的太湖石类石体，主要见于费县、泗水、莱芜、平邑、沂源、临朐、青州、长清、历城、枣庄、平邑等地；主要产地处在丘陵缓坡近沟谷地带，植被不甚发育，呈较平缓的层状产出，太湖石矿层一般厚1~10m。

临朐太湖石亦称北太湖石，产自山东省沂蒙山区北部临朐县西南的山岭沟壑之中，分布于五井镇上五井村、黄崖头村、大埠山、大河村、葛拉村等地，一般位于较平缓山坡处。石体赋存于奥陶系马家沟群北庵庄组深灰—青灰色厚层微晶灰岩中，大都出露于地表，局部为少量第四系含砾粉砂岩所覆盖，矿层走向325°，倾向55°，倾角5°~15°左右，出露长约1500m，宽500~800m。岩性为微晶灰岩，岩石风化面呈灰白—灰色，新鲜面呈深灰—青灰色，石体矿物成分几乎全为方解石（99%），含有极少量铁质不透明物和石英；岩石呈微晶结构，厚层—巨厚层构造，岩溶极为发育，溶沟、溶槽、溶洞等溶蚀现象普遍存在，近地表的岩层表面沟槽发育、内部孔洞遍布，具有“瘦、透、漏、皱”的特征。矿层厚（深）一般1~3m，个别深达5m，平均2m，往下岩溶发育程度低，不再成为太湖石矿层。

费县石，出自山东省临沂市费县及沂蒙山区各地；具有“瘦、漏、皱、透”的特点，并略兼“雄、肥”；形状玲珑剔透、皱纹纵横、洞穴连套；造型千姿百态、自然古朴。费县石主产地在费县，分布于费县的荣和庄、清合庄、寒两寺、演马庄、广丰村、石贵岭村等地，目前大多已被开采，并建立了奇石林公园。费县石产于马家沟群北庵庄组底部中厚层泥晶灰岩和砂屑灰岩的近地表部位或朱砂洞组灰岩的近地表部位。荣和庄太湖石发育于低山北侧的坡脚地带，产于北庵庄组底部中厚层泥晶灰岩和砂屑灰岩的近地表部位，矿体东西长6km，南北宽1km，地表出露不规则、不连续，矿层厚5~10m，矿石块度0.5~2m^3。矿体底板围岩为东黄山组泥质角砾白云岩，矿层相对下伏地层具有优越的含水性，沿区域性北东向和北西向裂隙在偏酸性水介质作用下，经长期溶蚀而成。矿石具有千姿百态的造型，具有很高的观赏价值。当地政府在矿区建立了奇石公园。

异形青石，出自沂蒙山北麓临朐县西南部的石家河、冶源、寺头、五井等青石山区，及济南南部山区和费县等地。该石石质细腻，表面光滑，扣之声音清脆，多呈青灰、青黑等颜色，造型多似山峦、动物等形状，有的亦显玲珑，较具观赏效果。临朐县石家河乡瑞庄村异形青石位于平缓山坡山腰处，坡度8°~15°，形态各异的异形青石杂乱分布在山坡上。异形青石赋存于九龙群张夏组深灰色—灰黄色含藻屑亮晶灰岩中，附近有断层发育，岩石节理裂隙发育，经溶蚀形成形态各异的溶槽、溶沟。

艾山石是1994年在山东省临沂市西郊13km外艾山一带发现的新石种，因产于艾山而称艾山石。艾山石是在艾山脚下半米至一米深的土层中掘得，岩石呈灰黑至黑色，有的因受褐铁矿浸染而呈褐红色，并有白色方解石细脉及网脉穿插。由于岩石矿物成分不同和结构、构造的差异，所形成的观赏石有两种不同的形态、大小各异，重量为几公斤至二、三十公斤，尺寸在十几厘米至五、六十厘米的分体最多。艾山石是由奥陶系马家沟群泥晶灰岩溶蚀后形成大小不等、形状各异的灰岩结核体，经泥沙物质充填空隙，后期经固结在一起的观赏石。艾山石可分为三大类型：板状景观石、块状象形石和山形景观石。

济南南部山区产出丰富的太湖石资源，其中以仲宫一带所产最佳，颜色为灰白色或灰褐色，石面光滑润泽，皱皱多变，洞窝发育；有的虽无洞窝，却曲回盘折，姿态万变，流畅自然；主要分布于济南趵突泉、黑虎泉、五龙潭等公园。

玲珑石的形成过程类同于太湖石和异形青石，产于岩溶特别发育的地层，后抬升至地表解体而成为可供观赏的玲珑石。因其窍眼、洞穴、沟槽特别发育，玲珑剔透，故取名玲珑石；产于枣庄市抱犊崮周边、青州、临朐等地。枣庄市抱犊崮周边玲珑石岩石多为寒武系含泥灰岩和含白云质灰岩，颜色莹白，洞眼较多，称为枣庄玲珑石。枣庄玲珑石的洞眼容积约占石体的60%，可谓玲珑通透。青州小玲珑石以玲珑剔透、清奇古怪为主，也兼有象形象物之特点，颜色大致可分为黑色和灰白色两种，为寒武系豹皮状灰岩。

（五）原岩形成时代及成因

太湖石主要赋存于奥陶系马家沟群（主要为北庵庄组）及寒武—奥陶系九龙群张夏组，形成距今约4.6~5.0亿年，沉积环境为低能、浅水的广海陆棚。沉积成岩后，经过漫长的地质时期，由于构造作用使其抬升至地表或近地表。进入新生代（距今约700万年）以后，质地较纯的厚层灰岩受到地表水和地下水的溶蚀作用，使岩石产生溶洞、溶沟、溶槽等溶蚀构造。由于岩石中物质成分不均一以及构造节理裂隙的存在，使岩石发生差异性溶蚀，因此形成了大小不一的孔洞和沟槽，塑造了千奇百怪和形态各异的太湖石。

（六）资源潜力及开发前景

太湖石类赋矿岩系出露在沂沭断裂带内及其以西的鲁西山地丘陵区，北起济南—淄博—昌乐，南到枣庄—临沂，西到肥城—梁山；赋矿岩系分布广泛，这是形成和寻找太湖石的基本条件和方向。但太湖石一般发育在低缓丘陵地区，常见于丘陵缓坡近沟谷地带。该地带宜于地表水流交替、岩溶化学作用、水流侵蚀与崩塌裂解作用的进行，这样的地貌条件是优质太湖石发育的有利环境。

二、淄博文石

（一）概述

文石的命名最早来源于博山，称为博山文石。文同纹，指有纹理的石头，随着淄博地区赏石的发展统一名称为淄博文石。文石，见于博山、淄川、沂源、青州、莱芜等地，主要产于淄博东南部山区，尤以博山和淄川为盛。文石为溶蚀的灰岩，最主要的特点是清晰的纹理。文石大体可分为四类，即象形石、山形石、玲珑石和园林风景石。

（二）鉴赏特征

淄博文石历史悠久，有文字记载的可上溯到春秋战国时期。淄博古属青州府管辖，战国《尚书·禹贡》即有青州供“怪事”的记载。宋朝淄博文石属青州石，杜绾《云林食谱》将青州石名列第二位。明清时期，淄博文石赏玩兴盛，遗迹和遗石至今依存。桓台王海洋，淄川蒲松龄，博山赵执信，是清代淄博文石赏玩的代表人物。新中国成立之前，淄博文石赏玩者众，后因政局混乱而衰减。新中国成立以后，淄博文石赏玩重新兴起。淄博文石造型的主要特点是充分利用山石具备的“瘦、漏、透、皱、峰、峦、丘、壑”的自然条件，虽经加工却无刀劈斧削和矫揉造作的痕迹，使淳朴的自然美和人工创作融合为一；是观赏石的上好品种；以蚁龙和黑石湾所产的文石为佳，石质好、纹理变化大，有白色脉络贯穿其中，更增添了文石的天然色彩。大型文石高度可达数米，多用作园林的摆设；小型文石大小不及拳头，可置于案头清供（图4-7，图4-8）。

图4-7　淄博文石（博山）

图4-8　淄博文石（博山）

文石一般为灰白色，经清洗上蜡后多为黛青色，如含有其他矿物成分，则形成红色、黄色、白色等纹斑。其质地坚韧细腻，肌理清晰。文石可分为象形石、山形石、玲珑石和园林风景石。

淄博文石最主要的特点便是清晰的纹理，主要有千层纹、核桃纹、手指纹、荷叶纹、皱纹、裙折纹、水道纹、子弹洞、蘑菇云、红叶纹、黄金点等。

（三）岩石特征

淄博文石主要发育在奥陶系马家沟群五阳山组和八陡组碳酸盐岩地层中，

主要岩性为深灰色、灰黑色厚层微晶灰岩、砂屑灰岩、泥晶灰岩、中—粗晶灰岩、似球粒灰岩，具粒屑结构、中—粗晶结构和泥晶—粉晶结构，豹皮状、厚层状构造；主要矿物成分为方解石（一般大于70%），含有少量白云石、生物碎屑、泥质物、石英、褐铁矿等；摩氏硬度为2~5，密度为1.59~3.00g/cm³；常发育方解石细脉，多呈网脉状，脉宽小于7mm，脉内矿物为亮晶方解石集合体；多发育缝合线，缝合线呈锯齿状，缝合线宽大部分小于0.2mm，沿缝合线填充少量铁质（图4-9，图4-10）；岩石化学成分为CaO（50.57%~55.23%）、LOI（41.50%~43.72%），其次为SiO_2（0.05%~4.94%）和MgO（0.30%~2.67%），少量的TFe_2O_3（0.04%~0.84%）、Al_2O_3（0.01%~0.81%）、K_2O（0.01%~0.70%）、MnO（0.01%~0.05%）、TiO_2（0.001%~0.03%）、P_2O_5（0.02%~0.06%）；CaO含量较高，杂质较少（表4-2）。

图4-9　淄博文石薄片特征（淄川区洪山镇贾石村）

图4-10　淄博文石薄片特征（博山岱庄村）

表 4-2　淄博文石化学成分一览表

样品编号	成分含量 /%										
	Al_2O_3	SiO_2	CaO	K_2O	TFe_2O_3	MgO	MnO	Na_2O	P_2O_5	TiO_2	LOI
BSD512QY1	0.19	2.61	52.02	0.16	0.08	1.62	0.01	—	0.03	0.02	42.61
BSD513QY1	0.04	4.94	51.78	0.10	0.09	0.65	0.01	—	0.03	0.03	41.50
BSD514QY1	0.04	0.54	54.35	0.12	0.07	0.41	0.01	—	0.03	0.03	43.50
BSD515QY1	0.27	3.93	52.56	0.27	0.10	0.30	0.02	—	0.03	0.02	41.93
BSD610QY1	0.09	1.51	53.99	0.05	0.19	0.35	0.04	—	0.03	0.02	42.86
BSD612QY1	0.01	0.06	54.84	0.05	0.07	0.35	0.01	—	0.03	0.02	43.62
BSD613QY1	0.12	0.22	54.72	0.01	0.78	0.34	0.02	—	0.03	0.03	43.72
BSD614QY1	0.05	0.05	55.14	0.01	0.06	0.38	0.01	—	0.03	0.03	43.51
BSD615QY1	0.12	0.11	55.23	0.02	0.05	0.31	0.01	—	0.03	0.03	43.25
BSD616QY1	0.15	0.74	54.34	0.10	0.10	0.38	0.01	—	0.03	0.02	43.33
BSD617QY1	0.81	2.96	50.57	0.70	0.21	2.11	0.02	—	0.03	0.01	42.00
BSD618QY1	0.24	2.14	50.94	0.22	0.21	2.67	0.02	—	0.03	0.02	42.75
BSD619QY1	0.06	1.43	53.84	0.10	0.07	0.70	0.01	—	0.03	0.03	42.93
BSD620QY1	0.06	0.83	53.73	0.03	0.84	0.44	0.05	—	0.06	0.02	42.99
BSD621QY1	0.08	0.16	55.06	0.01	0.05	0.30	0.02	—	0.03	0.03	43.63
BSD622QY1	0.03	0.08	55.05	0.01	0.04	0.37	0.01	—	0.03	0.03	43.43
BSD623QY1	0.12	0.57	54.96	0.04	0.13	0.44	0.01	—	0.03	0.02	42.84
BSD624QY1	0.01	0.13	54.83	0.02	0.11	0.40	0.01	—	0.02	0.03	43.64
LWD659QY1	0.01	0.89	53.64	0.01	0.89	0.36	0.08	—	0.03	0.02	42.61
LWD660QY1	0.42	4.48	51.78	0.44	0.24	0.32	0.02	—	0.03	0.001	41.59

（四）产地及地质特征

淄博文石资源丰富，其产地有近百余处，有博山神头黑石湾、石炭坞老猫窝、蛟龙扫帚坡、石马、万山、白石洞、岳庄、岱庄及淄川西河、黑旺、磁村、南坪等地，淄博周边的产地有莱芜孝义、平洲岭、南冶、庄家沟等地；主要产于丘陵缓坡和山脚处，呈较平缓的层状产出，地表出露或浅覆盖，岩石大都发育大量节理，可见细小纹理；特别是神头黑石湾的山石，其颜色较黑，纹理细腻、丰富、整齐，间有白筋，质地坚硬，且纹理和自然形态都好，扣之有清越之声。

（五）原岩形成时代及成因

文石赋存于奥陶系马家沟群五阳山组和八陡组，形成距今约4.5亿年，沉积环境为浅海水动力条件、以低能为特征的广海陆棚。沉积成岩以后，经过漫长的地质时期，由于构造作用使其抬升至地表或近地表。被抬升至地表或近地表的质地较纯的石灰岩被第四系酸性红壤土覆盖后，在地表水和地下水的作用下，由于灰岩物质成分不均一以及层理、节理、裂隙发育程度、溶蚀强度的差异性，去软存硬，便形成文石类原石，这点与太湖石形成过程类似。

与太湖石形成不同之处在于：在东部淄河断裂带和西部金山—姚家峪断裂之间的区域内断裂发育，灰岩中节理和裂隙密集；节理和裂隙为地下含矿热水溶液的活动和上升提供了通道；成矿晚期的热水溶液中贫铁而富钙，充填于次级断裂及节理、裂隙中并沉淀下来形成方解石脉、细脉及网脉，即成为现今可见的文石。这些细脉或网脉岩性多以方解石为主，呈白色；含氧化铁质较多则呈褐色或红色，称为红纹石。

（六）资源潜力及开发前景

淄博文石产地近百余处，有博山神头黑石湾、石炭坞老猫窝、蛟龙扫帚坡、石马、万山、白石洞、岳庄、岱庄及淄川西河、黑旺、磁村、南坪等地，淄博周边的产地有莱芜孝义、平洲岭、南冶、庄家沟以及青州临朐、沂源等地；赋矿岩系分布广泛，这是形成和寻找文石的基本条件和方向。文石一般发育在低缓丘陵地区，常见于丘陵缓坡近沟谷地带，宜于地表水流交替、岩溶化学作用、水流侵蚀与崩塌裂解作用进行，这样的地貌条件是文石发育的有利环境。

三、钟乳石

（一）概述

钟乳石有狭义和广义之分。狭义钟乳石是岩溶地质学中所指的石灰岩溶洞中悬在洞顶上的像冰锥一样向下生长的以碳酸钙为主要成分的沉积物。它常与向上生长的石笋相对，由含碳酸钙的水溶液逐渐蒸发凝结而成，其横截面具同心圆状结构，中心部分有一空管，形状如钟乳，故名钟乳石，也称为石钟乳。广义的钟乳石不仅包括从顶向下生长的钟乳石，还包括从洞底向上生长的石笋，以及钟乳石和石笋相互增长相连而成的石柱，从洞壁陡崖呈面状向下生长的石幔等。本书中钟乳石是一个广义概念，系指在石灰岩岩溶洞穴中，富含碳酸钙的地下水在沿石灰岩裂隙、溶洞流出时，因围压降低致使饱和的二氧化碳大量析出、沉淀，在岩石表面形成的岩溶石的总称。钟乳石类观赏石，千姿百态，五颜六色，具有较高的科学价值和观赏价值。我国西南地区岩溶分广布，尤以桂林最为著名。山东是我国北方早古生界石灰岩发育比较广泛的省份，具有岩溶地貌和钟乳石类观赏石形成的基础条件。

山东省钟乳石观赏石资源赋存于寒武—奥陶系石灰岩地层中，主要分布于济南、淄博、潍坊、临沂、泰安和莱芜等地区。

（二）鉴赏特征

钟乳石是一种呈钟乳状或乳房状的方解石集合体。其形成于石灰岩溶洞中。由于钟乳石在形成过程中，受到水动力条件、空气、温度、湿度等多种因素的影响，形成机理复杂，导致钟乳石的大小、形态千变万化，有石钟乳、石笋、石花、石掌、石幔、石帐及石瀑布等各式各样的产出形式，几种不同形体组合在一起又可构成引人想象、多姿多彩的画面，如“猴子捞月”“乌龟探险”“八仙过海”等景致，有很高的观赏价值，成为洞穴旅游开发的资源和条件。钟乳石类观赏石，颜色常呈白色、乳白色、黄色、浅黄色、深黄色、红色等。钟乳石类观赏石光洁晶莹，巧秀状美，是一种十分珍贵的造型石类观赏石，堪与宝玉、琥珀、珊瑚相媲美（图4-11）。

钟乳石既具有观赏和收藏价值，又有实用价值。50cm以下的小巧象形钟乳石可制作成盆景，作为庭院、厅堂的摆饰；15~20cm的象形钟乳石配上精美的底座，摆放在办公桌上或古玩橱窗内，显得精巧别致；直径仅几厘米的光滑洁白的穴珠（似石蛋），是老少皆宜的石玩，可作为健身球使用。

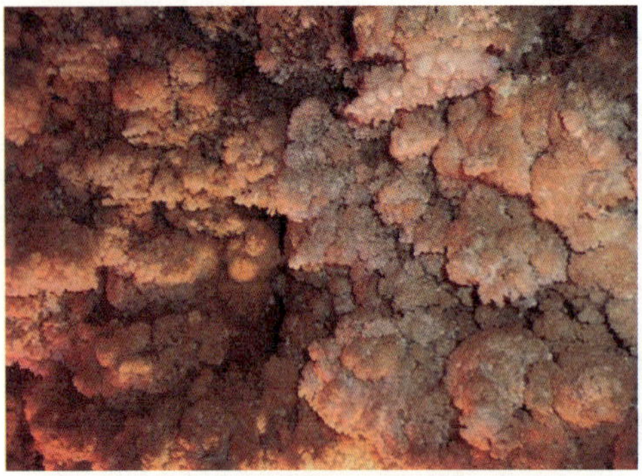

(a)葡萄石

(b)石针

(c)石瀑布

(d)石花

图4-11　钟乳石（沂源土门溶洞）

（三）岩石特征

钟乳石矿物成分主要为方解石（98%），含有少量的不透明矿物。其结构不均，方解石的粒度从微晶到粗晶均有，一般钟乳石的底盘粒度较细，由微晶方解石暗纹层和放射状方解石亮纹层相间组成；钟乳石的主体和冠部粒度较粗，由放射状方解石亮纹层和中粗晶方解石白纹层相间组成。钟乳石呈纹层状构造，钟乳状或肾状、葡萄状等形态。当方解石中含有铁质等杂质，钟乳石具有红色或褐黄色纹层。

（四）产地及地质特征

钟乳石产于石灰岩溶洞中。山东石灰岩溶洞发育的主要层位有寒武系的张夏组、炒米店组和奥陶系的北庵庄组。石灰岩层的产状在鲁西地区多为向北，或向北偏西、偏东平缓倾斜，倾角一般为10°左右，只在近沂沭断裂带或其他个别断裂附近，岩层倾角变陡。发育钟乳石的岩溶分布则与石灰岩中的断裂有关，多垂直岩层面及岩层走向展布，所以北东、北西向居多；产地遍于鲁西地区，淄博、临沂、济南和潍坊都有其典型产地。沂水大峡谷地下天然画廊、淄博市沂源溶洞等是我国北方岩溶地貌的典型代表，洞穴内钟乳石丰富多彩、惟妙惟肖。

临朐钟乳石产于临朐县石家河乡太平庄和上回头两地，钟乳石均生长于石灰岩溶洞中。

太平庄钟乳石：太平庄钟乳石溶洞发育于寒武系长清群朱砂洞组中部一厚层灰岩、白云质灰岩中，地层产状350° ∠10° 。溶洞洞口朝向80° ，向260° 方向推进，洞深约30m，高约3m，宽约5m，向深部洞变窄变矮成裂隙；洞内四壁和地下均生长有钟乳石。钟乳石大小不等，多呈钟乳状形态产出，其他形态的钟乳石较少。太平庄钟乳石溶洞自古即存，目前洞中的钟乳石也已被开采殆尽，仅在四壁上有少量残存。

上回头钟乳石溶洞发育于晚寒武统炒米店组中上部厚—巨厚层微晶灰岩中，地层产状60° ∠ 10° 。溶洞洞口朝向190° ，洞深约10m，高宽均约4m，向里缩小，发育有钟乳石。钟乳石呈浅红白色，形态大多为石幔。目前洞中的钟乳石也已被开采殆尽，仅在四壁上有少量残存。

沂源土门溶洞群位于沂源县城西北12km处的鲁山南部 ，以千人洞为中心，周围1.5km范围内有天然洞穴40余个，是长江以北最为集中的天然溶洞，被部分专家称为北方最大的溶洞群，自西向东分为三大溶洞群：皇姑洞群、千人洞群和下崖群。其中千人洞群发育最好，现已被开发为旅游景点的有千人洞、养神洞、珊瑚洞、玄云洞、九天洞等十几个溶洞，分布在山体的中部，海拔为500~600m，洞内空间大，多穿山而过，石柱、石笋、石幔、石花等千姿百态，构成各种各样奇异景观。土门溶洞群主要发育于奥陶系马家沟群北庵庄组灰岩中，少数在寒武—奥陶系三山子组、寒武系炒米店组、朱砂洞组，奥陶系马家沟群五阳山组、东黄山组灰岩中。

博山溶洞风景区位于淄博市博山区西南6km的樵岭前村一带。景区内峰峦叠翠，曲径通幽，飞流叠瀑，素有天然公园之称。1985年，山东省政府将其确定为省级风景名胜区，主要由朝阳洞、王母池和淋漓湖三个自然景区组成。朝阳洞为溶洞风景区主洞群，发育在奥陶系马家沟群灰岩中，溶洞伸展方向与禹王山断裂走向大体一致，已探明洞长1400余米，为我国罕见的大型石灰岩溶洞，被誉为“北国第一洞”；洞内四壁钟乳石遍布，有的如瀑布飘逸，有的若百川汇流，有的似宝莲高挂，有的如群象乳食，有的颖垂相对，有的直插地底，千姿百态、光怪陆离，大自然的鬼斧神工，在这里获得完美的体现。质地最纯、岩溶最发育的马家沟群碳酸盐地层是土门溶洞群的物质基础；松仙岭—大坡断裂及其伴生断裂在马家沟群地层中形成了广泛的裂隙和节理系统和牵引向斜构造，为岩溶作用提供了构造条件。

历城港沟蟠龙洞位于济南市历城区港沟镇蟠龙村东1500m处。洞口位于蟠龙山南侧山谷近顶部处，纵深约2000m，宽1.2~26m，高1.2~13m，洞口标高为340m。山体由奥陶系马家沟群北庵庄组厚层灰岩构成，地层倾向45°，倾角10°左右。洞体顺岩石主节理裂隙方向发育，向NW方向微倾延伸，无分支，为一个典型的单通道水平廊道式洞穴，实测长度468m（未终测），大部分洞段宽3~6m，高2~6m，进深300多米处变为一宽26m、高13m的洞厅，向里缩窄，通道宽近1.2m。洞穴的展布方向明显受裂隙控制，几处洞段呈直角转折。洞内溶蚀现象发育，发育有形状各异的岩溶地貌景观，如溶锥、溶槽、溶珊瑚、石钟乳、石笋、石花、石柱、石幔、石瀑等。

沂水天然地下画廊旅游风景区位于山东省沂水县东头乡留虎峪，全长6600m，一期开发1600m，被众多专家誉为“江北第一溶洞”。洞内钟乳遍布，石笋林立，108处主要景观形态各异，令人叹为观止。整个画廊气势磅礴，石乳、石笋、石柱、石幔、石帘、石花、石葡萄等各类象形钟乳石参差错落，向人们展示着一幅幅神秘画卷。沂水地下画廊形成于新元古界土门群佟家庄组藻灰岩及古生界寒武系朱砂洞组灰岩中。沂水天然地下画廊紧靠沂沭断裂带鄌郚—葛沟断裂，构造发育，灰岩层厚，岩石破碎，透水性强，为岩溶沉积物的形成提供了优越的地质条件。

杏山溶洞位于蒙阴县城南部10km处的桃墟镇杏山村东南角。溶洞现已开发360多米，大致呈直线型，洞高1~6m，宽1~5m。洞内景色优美，保存较完整。石钟乳、石柱、石笋参差错落，千姿百态；色如美玉的石幔和石帘如雪山飞瀑、奇异壮观；洞壁上重结晶析出的朵朵石花，团团簇簇，晶莹剔透，有很高的观赏和旅游价值。溶洞顶部地层为寒武系馒头组黄灰色中薄层泥纹泥晶灰岩，泥质灰岩夹厚层含藻灰岩、砂屑灰岩和页岩。溶洞及其下部为馒头组灰色中厚层云斑泥晶灰岩、含燧石结核泥晶灰岩和粉—细晶白云岩。溶洞位于山麓地带，第四系厚度较薄，大部分基岩裸露，地下水埋深5~10m。山体坡度为15°~25°，地层产状较平缓。溶洞附近无明显构造。

（五）原岩形成时代及成因

钟乳石形成的地质历史时期是距今250万年的第四纪。

寒武—奥陶系的石灰岩溶洞里各种形态的钟乳石，其生成主要取决于地下水中重碳酸钙沉淀时的水动力状态，也取决于沉淀场所所处的洞内空间位置。水流动快，则结晶粗；水流动慢，则结晶细；当水溶液中含有铁质且水流动较缓慢时，则形成带红色的细纹层。

石灰岩为钟乳石类观赏石形成的物质基础；断裂构造和石灰岩溶洞为钟乳石的形成提供了空间。山东寒武系—奥陶系的石灰岩，在4~5亿年前浅海至滨浅海相环境下沉积形成，大多为粒屑灰岩，包括鲕粒灰岩、砾屑及砂屑灰岩、藻屑灰岩、藻凝块灰岩、生物碎屑灰岩和部分泥晶灰岩等类型。这些石灰岩历经4亿多年的地史演化，由于地壳抬升使岩层接近地表，岩石风化作用、断裂构造活动、地下水的溶蚀使近地表埋藏的石灰岩层中出现了岩溶洞穴空间，从石灰岩层间、裂隙中流出携带着高浓度碳酸钙的细流水体，在流过岩石表面时碳酸钙沉淀，如此周而复始一层一层地叠增，增长方向可向上、向下、向四面八方，形成了千姿百态的钟乳石；又由于水流速度不恒定，沉淀快慢也会发生周期性变化，又加上沉淀物中其他成分（杂质）混入，显示出绚丽多彩的岩貌特征。

（六）资源潜力及开发前景

钟乳石产地遍于鲁西地区，淄博、临沂、济南和潍坊都有其典型产地。赋矿岩系出露在沂沭断裂带内及其以西的鲁西山地丘陵区，具有寻找资源的良好前景。

四、叠层石

（一）概述

叠层石是生活在浅海环境的蓝细菌、真核藻类等微生物的生命活动引起的周期性矿物沉淀、沉积物捕捉和胶结作用所形成的一种特殊的生物沉积构造，最明显的特征是明暗相间的纹层构造。石质多为碳酸盐岩，如叠层石灰岩、叠层石白云岩、叠层石白云质灰岩等。这些岩石显示清晰的层纹状构造，即由同心状的层纹构成多种形态的叠层体——有波纹状、穹状、半球状、球状、柱状、锥状等，故名叠层石（狭义的叠层石仅指柱状和锥状者）。由于叠层石石质坚硬而细腻，层纹细密而清晰，形态自然而多变，具有良好的观赏性。

山东叠层石赋存的层位有新元古界土门群、寒武系长清群、寒武—奥陶系九龙群，尤以寒武—奥陶系炒米店组中的叠层石发育最好，广泛分布在济南、泰安、淄博、莱芜、临沂、枣庄、潍坊等地；其中枣庄杨屯、新泰各里、莱芜颜庄、长清唐王寨等地的叠层石分布面积大，形态典型，极为壮观（图4-12）。

(a)青州尧山

(b)新泰市石莱镇老寨山

(c)枣庄市中区车峪

(d)枣庄市中区凤凰庄

图4-12　叠层石灰岩

（二）鉴赏特征

叠层石的观赏性在于其质地坚硬细腻、纹理精细清晰、形态自然多变、色彩协调别致，这些特点往往在一块自然石体上就能清晰地表现出来；若将叠层石体表面磨光，其纹理及色彩更加清晰艳丽。

叠层石的造型具有极强的立体感，不同侧面给人不同的视觉效果，特别是藻柱群体构成的叠层石，其纵切面显示大小不等、形态各异的柱体群，在一块石体上，好似山水画面；在岩石平行层面上，则呈大小不等的圆形、椭圆形连成一片。还有一种叠层石，呈小型封闭的同心状，直径一般几厘米，形态多样，但常见球状的结核体，故称为核形石，这种石体在各个方向上观察都是一些大小不等的圆形个体，形似铜钱，有人把这类叠层石称为"金钱石"，是一种富贵吉祥的观赏石石种（图4-13）；再有波纹状的叠层石，大型块体从纵切面上观赏，则会给人以波浪滚滚、心潮澎湃、胸怀开阔的豪爽欢快之感。

(a)

(b)

图4-13　金钱石（枣庄山亭区）

（三）岩石特征

构成叠层石的岩石大多为微晶灰岩，颜色为灰色或灰白色，呈厚层状或丘状，具特殊的藻层纹结构，即暗层和亮层互层，并产生向上凸起的纹理，按宏观形态可进一步分为层纹状叠层石、波状叠层石、柱状叠层石、穹状叠层石、树枝状叠层石等；暗层可能是一些蓝绿藻类捕获一些泥质形成，颜色较深，富含有机质，呈团块状或纹层状分布；亮层由微晶方解石、亮晶方解石、白云石、石英和不透明矿物组成；部分发生白云石化，可见半自形—自形晶粒状的白云石；摩氏硬度为3~5；密度为2.47~2.73g/cm^3；岩石化学成分为CaO（35.50%~52.08%）、LOI（39.89%~46.22%），其次为SiO_2（0.72%~6.39%）和MgO（0.84%~16.32%），少量的TFe_2O_3（0.28%~0.81%）、FeO（0.35%~0.68%）、Al_2O_3（0.04%~1.79T%）、K_2O（0.02%~1.47%）、Na_2O（0~0.19%）、MnO（0.01%~0.02%）、TiO_2（0.0001%~0.05%）、P_2O_5（0.03%~0.05%）（表4-3）。

表 4-3　叠层石化学成分一览表

样品编号	成分含量 /%											
	Al_2O_3	SiO_2	CaO	K_2O	TFe_2O_3	MgO	MnO	Na_2O	P_2O_5	TiO_2	LOI	Al_2O_3
YYD532QY1	0.04	0.72	35.50	0.02	0.28		16.32	0.01	—	0.03	0.02	46.22
ZZD539QY1	0.98	3.42	47.27	0.87	0.66	0.48	4.26	0.02	0.11	0.03	0.02	41.79
XTD545QY1	0.82	2.90	52.08	0.62	0.32	0.35	0.84	0.02	0.19	0.05	0.02	41.54
ZZD647QY1	0.58	1.96	48.38	0.47	0.48	0.50	4.35	0.02	0.15	0.03	0.001	42.99
ZZD656QY1	1.79	6.39	45.74	1.01	0.81	0.68	3.55	0.02	0.17	0.05	0.05	39.89

（四）产地及地质特征

山东叠层石赋存的层位有新元古界土门群石旺庄组、佟家庄组、二青山组，寒武系长清群、寒武—奥陶系九龙群，尤以寒武—奥陶系九龙群炒米店组中的叠层石发育最好，广泛分布在济南、泰安、淄博、莱芜、临沂、枣庄、潍坊等地；其中枣庄市中区永安镇杨屯、新泰谷里、莱芜颜庄镇、长清唐王寨、潍坊市安丘市、青州尧王山等地的叠层石分布面积大，形态典型，极为壮观。

晚寒武统含叠层石的灰岩，集中分布于九龙群炒米店组的下部，呈厚层状或块状产出，单层厚度横向不稳定，可从几十厘米变化至几十米，有时在局部还可形成藻灰岩丘；总体来看其层位较稳定，主要见于长山阶的上部和凤山阶的下部，可出现2~4层。

寒武系叠层石主要产于炒米店组，其中莱芜九龙山和青州尧王山出露的叠层石类型丰富，形态多样。莱芜九龙山位于济南市钢城区颜庄西南部，炒米店组柱状叠层石大量出现，叠层石柱高5~120cm，而且多构成大型生物礁丘，叠层石平面呈圆心状，形态完整，面积约200m^2，大致可分为五层。青州尧王山位于青州市西部，炒米店组出露连续完整，地层产状比较平缓，自下而上叠层石分五层出现，每层叠层石的厚度从数米至十几米，多呈柱状，柱高从厘米级至米级，多构成大型生物礁丘。永安镇杨屯村—车峪村叠层石产地位于枣庄市中区永安镇南3.3km，主要出露地层为炒米店组叠层灰岩，为自然出露状态。枣庄市山亭区山城街道汉诺庄园叠层石化石产地岩性主要为叠层灰岩，产地内叠层石藻柱体异常发育，叠层石平面呈同心圆状，柱面呈叠瓦状，形态完整，极具观赏性。西集镇庐山口—黑山前村叠层石化石产地，灰岩中赋存大量叠层石化石，叠层石礁体发育形成柱群景观。西集镇常山—凤凰庄叠层石化石产地灰岩中也发育大量叠层石，叠层石礁体也发育形成柱群景观。

（五）原岩形成时代及成因

大约在4亿9千万年前的晚寒武世时期，整个鲁西地区处于广袤浅海环境，但各地所处的具体海盆环境不同。含叠层石藻礁灰岩形成于浅海台地边缘，滨浅海有充沛的阳光照射，潮汐波浪可使氧气充分交换，这些都给藻体生长提供了有利条件，规律性的环境变化（如潮汐、昼夜、季节、水体深度等）可引起海底面菌藻生物繁衍生长能力、无机成分以及沉积速度的规律性变化，它们相互影响所形成的叠层石状生物沉积构造体，经过地质历史时期的成岩作用，形成今天所见到的叠层石。在显微镜下观察，具有双层结构，即由亮层和暗层组成，暗层富含有机质层，由菌藻等复杂组分构成，代表有利于菌藻生长的环境时段；亮层由菌藻类黏附的细粒沉积物构成，代表对菌藻体生长不利、沉积为主的时段。菌藻类是原始的水生异养生物，它的生长是靠海水提供营养、波浪作用从水中供给氧气，所以叠层石体总是向上（水面方向）凸起，有些还向上并迎向波浪的方向分叉增生，因而就构成了各种形态、各种分枝方式的叠层石体。

（六）资源潜力及开发前景

山东叠层石赋存的层位有新元古界土门群的石旺庄组、佟家庄组、二青山组，寒武系长清群、寒武—奥陶系九龙群，尤以寒武—奥陶系九龙群炒米店组中的叠层石发育最好，广泛分布在济南、泰安、淄博、莱芜、临沂、枣庄、潍坊等地，具有寻找资源的良好前景。

五、波纹石

（一）概述

波痕是由风、水流或波浪等介质的运动，在沉积物表面形成的一种波状起伏的层面构造。不同沉积环境下发育的波痕具有不同的形态特征和沉积物粒度特征，在沉积学中可以用来鉴别古沉积环境及其物理参数。具有波痕的沉积岩或经后期变质作用形成的变质岩，称为波纹石（波浪石），也可称为搓板石。波痕主要发育在粉砂岩、砂岩、碳酸盐岩和石英岩的表面。

波纹石多见于砂岩、粉砂岩、石英岩及和颗粒灰岩层中，山东发育的层位有震旦系蓬莱群、寒武系长清群馒头组、石炭—二叠系月门沟群、石盒子群、中生界莱阳群及大盛群等，主要见于长岛、栖霞、莱芜、即墨、莒南等地。其中以赋存在蓬莱群辅子夼组中的石英岩质波纹石发育最好，形态壮观（图4-14，图4-15）。

图4-14　震旦系蓬莱群辅子夼组石英岩层面上的波痕构造——波纹石（长岛九丈崖）

图4-15　寒武系长清群馒头组上页岩段赤红色中层泥晶—亮晶含生物碎屑鲕粒灰岩层面上的波痕构造——波纹石（长清馒头山）

（二）鉴赏特征

波纹石的观赏性在于它的岩石层面上发育着有规律的波状起伏纹理——波痕。这种波痕构造由于水体不同及岩性的差异，所形成的波痕构造特征也有所差异，表现在波痕的波长、波高、波峰、波谷、波脊、波槽、迎面坡、背面坡等都会有所不同，这些流水作用保留下来的波痕构造具有很好的观赏性，所以说波纹石不仅是天然艺术品，还是一本地学科普教科书。

（三）岩石特征

波纹石主要为具波痕的砂岩、粉砂岩、石英岩或粒屑灰岩，在山东赋存波纹石的地层主要有震旦系蓬莱群辅子夼组、寒武系馒头组、石炭—二叠系月门沟群及石盒子群、中生界莱阳群及大盛群等，发育较好的层位主要有寒武系长清群馒头组洪河段、石炭—二叠系月门沟群及石盒子群、白垩系莱阳群及大盛群、震旦系蓬莱群辅子夼组。

寒武系长清群馒头组洪河段为一套紫红色砂岩，波纹石赋存于该段的薄层细砂岩层之上，砂岩为紫褐色，成分主要为长石、石英，呈细砂屑，泥质为胶结物。济南大佛寺—锦绣川水库—西营镇一带馒头组页岩段赤红色中层泥晶—亮晶含生物碎屑鲕粒灰岩，层面具波痕。

淄博地区石炭—二叠系含煤地层发育，太原组、山西组及石盒子群地层中的薄层细砂岩、粉砂岩、生物碎屑灰岩层中波痕面构造发育，是波纹石的赋矿层。这类砂岩多以灰色、褐灰色为主，少数为黄绿色，主要成分为长石、石英和黏土质砂岩，典型产地有淄川西宝山等地。

莱阳地区莱阳群水南组粉砂质泥岩所夹的黄绿色细砂岩层面显示密集而完好的波痕，具有极好的观赏性，典型产地有莱阳龙旺庄、沐浴店等地，与波纹石相伴存在大量的昆虫和鱼化石，为其增添了光彩。莱阳群还有另外两个波纹石赋存层位，一个是杨家庄组，典型产地是诸城皇华黄龙沟和即墨羊山后，诸城皇华黄龙沟波纹石一种为灰黄色细砂岩、粉砂岩与页岩呈旋回互层，且与恐龙足迹群化石共存，具不对称波痕结构；另一种为灰黄色含砾粗粒长石岩屑砂岩与中细粒长石砂岩互层，具波痕结构。另一个层位是法家茔组，黄绿色薄层砂岩中赋存丰富的波纹石，典型产地在诸城石门（图4-16）。

图4-16　波纹石（搓板石）（即墨区羊山后）莱阳群杨家庄组砂岩层的波痕构造

大盛群中的波纹石赋存层位集中于田家楼组，岩性为黄绿色薄层砂岩，层面上对称波痕密集分布，波面光滑、完整、清晰，主要分布于沂沭断裂带内，典型产地有诸城的贾悦、临沭的岌山。这两地所发现的波纹石都和成群的恐龙足迹化石共存，在临沭岌山还有波纹石与恐龙足迹、雹痕共存的奇观（图4-17）。

图4-17 波纹石和恐龙脚印(临沭岌山)

震旦系蓬莱群辅子夼组分布于栖霞辅子夼、福山红军顶、蓬莱阁、长山列岛等地，岩性为中厚层—厚层和巨厚层石英岩，在陡崖一带的石英岩中可见大量的波痕等原生构造。其原岩主要为一套正常沉积的石英砂岩夹黏土岩，同时遭受了低程度的绿片岩相区域变质作用；典型产地有长岛九丈崖；粒状变晶结构，块状和层状构造；矿物成分为石英(85%~95%)、白云母(0~10%)、钾长石(0~10%)、镜铁矿(0~5%)、方解石(0~10%)、绢云母(0~10%)、长石碎屑矿物(0~10%)。

(四)产地及地质特征

山东波纹石发育较好的层位有寒武系长清群馒头组洪河段、石炭—二叠系月门沟群及石盒子群、白垩系莱阳群及大盛群、震旦系蓬莱群辅子夼组。

寒武系长清群馒头组波纹石广泛分布于济南、淄博、莱芜、泰安、临沂等地，典型产地有济南长清、淄博淄川、莱芜九龙山、新泰汶南等。

石炭—二叠系月门沟群及石盒子群波纹石广泛分布于淄博地区。

白垩系莱阳群波纹石分布于莱阳地区，典型产地有莱阳龙旺庄、沐浴店、诸城皇华黄龙沟、即墨羊山后、诸城石门等。

大盛群中的波纹石赋存层位为田家楼组，主要分布于沂沭断裂带内，典型产地有诸城贾悦、临沭岌山，这两地所发现的波纹石都和成群的恐龙足迹化石共存，在临沭岌山还有波纹石与恐龙足迹、雹痕共存的奇观。

震旦系蓬莱群辅子夼组分布于栖霞辅子夼、福山红军顶、蓬莱阁、长山列岛等地，岩性为中厚层—厚层和巨厚层石英岩，在陡崖一带的石英岩中可见大量的波痕等原生构造；典型产地有长岛九丈崖。

（五）原岩形成时代及成因

波纹石指的是岩层表面保存有波痕的岩石体，就波痕来说，它的成因有两大类：一是水成波痕，另一类是风成波痕。水成波痕又可分为流水波痕和浪成波痕。在山东风成波痕极罕见，常见的则是水成波痕。其中有滨浅海水下沉积物表面形成的浪成波痕，以及浅湖水下沉积物表面形成的浪成波痕，还有在河漫滩水下形成的流水波痕，所处环境不同则所形成的波痕形态也不相同，因此，波纹石纹形、图案、色调等也千差万别。

约在4.1亿年前早寒武世晚期，包括山东在内的整个华北地区是一个广阔的滨浅海台地区，海底沉积物来源于陆地，为泥砂交替沉积，由于海水极浅，潮汐、海浪动荡的水体牵引水下泥砂质沉积物，使其表面形成规律起伏的沙波；当水体加深，泥质沉积物增多，沉积覆盖在已形成且未受破坏的沙波波面之上；随着上覆沉积物的增厚，这些沙波深埋于地下，在地壳深处历经复杂地质作用，形成坚硬的岩石，后又经过地壳变动，地质体抬升，将这些岩石暴露于地表遭受风化。由于拥有沙波的砂质沉积物成岩后形成砂岩，岩石较硬、抗风化能力强，岩层容易保存其完整性，原来的沙波形态不易受破坏；而其上覆泥质沉积物成岩后岩性较软，容易被风化剥离，两种岩性的接触面又比较清楚，所以原来的砂波很容易被完整地保存下来并显示在岩层表面成为波痕，也就是供人们观赏的波纹石。

石炭—二叠系地层以及白垩系地层中赋存的波纹石与赋存于馒头组中的波纹石相比，其形成过程大致相同，只是地质时代不同，具体古地理环境、水动力条件有所差别，因而所显示的波纹形态有所变化。具体来说，2.5~3亿年前的石炭—二叠系太原组、山西组、石盒子群，以及1~1.45亿年前早白垩统莱阳群、大盛群，其中赋存的波纹石大多在浅湖环境内形成，多为对称的浪成波痕，也有少数是河流环境下的不对称的流水波痕。

（六）资源潜力及开发前景

波纹石多见于砂岩、粉砂岩、石英岩及和颗粒灰岩层中，在山东省内发育的层位有震旦系蓬莱群、寒武系长清群馒头组、石炭—二叠系月门沟群及石盒子群、中生界莱阳群及大盛群等；主要见于长岛、栖霞、莱芜、即墨、莒南等地，具有寻找资源的良好前景。

六、千层石

（一）概述

千层石为具有细层状构造和特色造型的观赏石石种，多来自具有微细水平层理的灰、黑色薄层硅质条带—条纹状灰岩、泥质条带—条纹状灰岩及条带状白云质灰岩等，少数是由于灰岩经接触交代形成变质条带而成为千层石。这些岩石在暴露地表后经过风化冲刷，由于软硬不同岩性的交叠，风化后呈现出成层的山峦、洞孔、沟壑，看上去似层山叠岭、疑沟谷曲溪。

千层石在石灰岩分布区多有产出，尤其是早古生界地层发育的鲁中南地区，其处于浅海台地环境，各种类型的碳酸盐岩地层发育，是千层石资源产出比较丰富的地区。

山东省内展销或陈列的一些千层石，多为原生沉积和后生溶蚀作用形成，即寒武—奥陶系地层中的薄层泥质、白云质或燧石条带灰岩，由于岩石组分不均匀和抗溶蚀及风化能力的差异，在地质作用下，形成浅黄白色、褐黄色等不均匀颜色，硬质岩块（透镜状、豆荚状）边缘外凸、较软岩层内凹，岩层截面上层叠槽纹密集排列，称为千层石（图4–18，图4–19）。

此类造型石少有大规模集中分布者，多见于鲁中山区寒武—奥陶系三山子组及炒米店组内薄层泥质、白云质条带灰岩发育的低丘—沟谷地带，主要产地有莱芜、临朐、平邑、费县等。

（二）鉴赏特征

千层石自然外貌呈浅黄白色、褐黄色；横纹层密布，边缘凹凸，参差不齐，陡峭嶙峋，层层叠叠，极似久经风雨侵蚀的城墙古堡、岩山土丘，险峻而巍峨。天然千层石不需任何修饰和衬托，适于组景造园，其规模有大有小，大者可堆造假山，小者可成盆景，置于案几观赏。

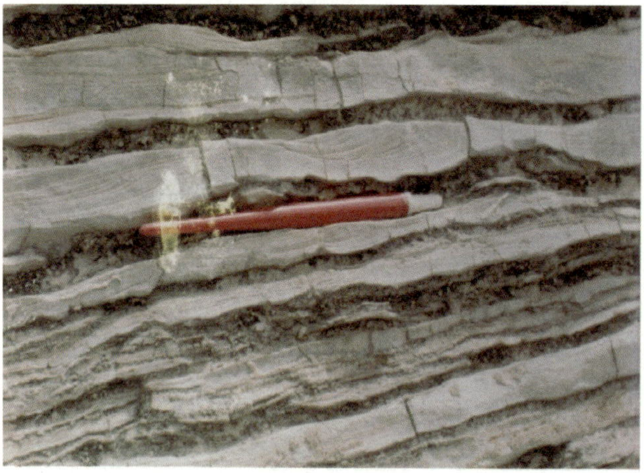

图4-18　千层石原石（新泰汶南）
寒武—奥陶系九龙群炒米店组灰岩中的波状层理，它是形成千层石的有利构造

图4-19　千层石原石（临朐）
寒武系长清群馒头组下部层位的条带状层理，它是形成千层石的有利构造

该石种内部纹理丰富而简洁，质地细腻而致密，光洁滑润，硬度中低，适于切磨和加工。岩石垂直层面剖开显示出青绿相间的波纹状纹理，可以加工成山形、塔形、筒形等小型器物用于观赏。

（三）岩石特征

山东境内产出的千层石，主要岩性是寒武系馒头组和朱砂洞组中具微细水平层理的泥纹状灰岩、硅质条带—条纹状灰岩和白云质条带状灰岩；在临朐可见炒米店组中下部灰岩与燕山期闪长玢岩接触变质形成的条带状大理岩。其矿物成分主要为方解石，见少量的泥质、硅质和铁质矿物，后者在岩石中分布不均匀，呈平行条带、条纹状，由于构成条纹—条带的岩石差异风化，使岩层截面上显示密集层叠排布的沟槽和棱脊，称为千层石（图4-20，图4-21）。

图4-20　馒头组下部的千层石（莱芜九龙山）

图4-21　馒头组下部的千层石（宁阳鹤山）

泥质条带灰岩，颜色为灰黄色，微晶结构，条带状构造和薄层状构造，主要矿物成分为微晶方解石（40%~45%）、泥质物（30%~35%），见少量氧化铁质矿物、砂粒、白云石、亮晶方解石、绢云母、不透明矿物。其中方解石多呈他形微晶状集合体；泥质物主要是黏土矿物，多呈泥质条带分布。泥质条带灰岩的摩氏硬度为4.4，密度为2.64g/cm^3；岩石化学成分为CaO（26.27%）、LOI（22.04%）、SiO_2（30.66%），其次为TFe_2O_3（5.09%）、Al_2O_3（9.07%）、K_2O（5.00%）、Na_2O（1.02%），少量的FeO（0.38%）、MgO（0.65%）、MnO（0.04%）、TiO_2（0.65%）、P_2O_5（0.09%）（表4-4）。

表 4-4　千层石化学成分一览表

样品编号	成分含量 /%											
	Al_2O_3	SiO_2	CaO	K_2O	TFe_2O_3	FeO	MgO	MnO	Na_2O	P_2O_5	TiO_2	LOI
NYD04QY1	9.07	30.66	26.27	5.00	5.09	0.38	0.65	0.04	1.02	0.09	0.65	22.04
LWD553QY1	0.01	1.30	51.67	0.15	0.83	0.65	1.73	0.05	—	0.12	0.01	42.59
LQD607QY1	6.19	20.84	35.65	2.98	2.93		2.40	0.03	0.05	0.14	0.36	27.82

白云质条带灰岩，颜色为灰色，粉晶结构，条带状构造和块状构造，主要矿物成分为方解石（80%~85%）、白云石（8%~10%），少量氧化铁质、生物碎屑。其中方解石呈他形晶粒状，晶粒一般为0.04~0.06mm（粉晶），少数为0.06~0.20mm（细晶）；白云石呈半自形—自形晶状，晶粒一般为0.06~0.15mm（细晶），集合体呈带状分布，带宽为0.75~2.00mm。白云质条带灰岩的摩氏硬度为4.4，密度为2.75g/cm^3；岩石化学成分为CaO（51.67%）、LOI（42.59%），其次为SiO_2（1.30%）、MgO（1.73%），少量的FeO（0.65%）、TFe_2O_3（0.83%）、Al_2O_3（0.01%）、K_2O（0.15%）、MnO（0.05%）、TiO_2（0.01%）、P_2O_5（0.12%）（表4-4）。

条带状大理岩主要矿物成分为方解石（98%），含少量的泥质和铁质物，呈泥晶—粉晶结构，条带—条纹状构造。灰岩中的泥晶条纹或纹层，变质后仍为泥晶结构，呈较深的青绿色条纹—条带；微晶灰岩变质重结晶后成为粉晶方解石，呈较浅的青灰色；两者的风化面则分别呈灰白色和褐黄色。该岩石内部纹理丰富而简洁，质地细腻致密，光洁滑润，摩氏硬度为4.4。由于粉晶方解石质地较纯，结构较疏松，较容易风化溶蚀，表面风化后，多成为凹槽；硅质条纹—条带含少量泥云质矿物，结构致密，硬度稍大，抗风化和溶蚀能力较强，表面风化后多呈外突的横层；凹凸相间的变质灰岩层纹密集排布，即称为千层石。

（四）产地及地质特征

鲁西地区寒武系地层发育，在全国具有典型性，馒头组建组剖面在山东。朱砂洞组和馒头组都是碎屑岩类夹泥质条带灰岩和白云质灰岩、硅质白云岩岩石组合，是千层石观赏石资源的主要赋矿层位；资源广泛分布于济南、临沂、淄博、莱芜、泰安、潍坊等地。其中典型产地有莱芜九龙山、新泰市汶南盘车沟、济南长清、临沂李官等。千层石观赏石赋矿层位集中在馒头组的下部石店段和朱砂洞组的上、下灰岩段，以馒头组石店段中的千层石品质最佳。其岩性为灰色至灰黄色薄层泥质条带灰岩，由灰色含白云质泥晶灰岩与锈黄色灰质泥岩条带间互出现构成千层石，其色、纹、形均为上品。鲁西各地的千层石资源赋矿岩层一般比较平缓，大部分向北倾，倾角10°左右。

条带状大理岩千层石典型产地位于临朐县吕匣镇黑山一带，矿区呈不规则的条带状，近东西向展布，长约2km，宽约250m，矿区面积约0.5km^2。千层石赋存于寒武系炒米店组二段中下部泥质条带灰岩与燕山晚期细粒黑云辉石闪长岩体接触带外侧；含矿岩系由硅化和大理岩化中—厚层泥质条带灰岩互层组成，含矿岩系厚约50m，含矿层约4~5层，总厚度约20~25m。

（五）原岩形成时代及成因

5.1亿年前的早寒武世晚期，包括山东在内的整个华北处在一个滨浅海的古地理环境，而千层石赋矿层位的条带状泥质灰岩，则是在一个比较平静的滨浅海潮下低能、高能频繁交替多变的环境下沉积形成的，水动能量的多变则引起了沉积物质成分、粒度、微量元素、氧化还原条件的多变，因而导致了成岩的岩石呈条带—条纹状。成岩后，随着地壳抬升使岩层暴露于地表，泥晶质条带—条纹含少量的云泥物质，结构致密，硬度较大，抗溶蚀、抗风化能力较强，在岩层风化后，岩层表面多呈凸出的条带—条纹；而岩石的底质为微晶质灰岩，主要成分是方解石，结构较疏松，富含方解石的灰质条带极易遇酸性地表水风化溶蚀，成为凹槽；在岩层横切面上显示的凹凸相间的层叠状槽纹，这样凹凸相间的岩石为千层石。

临朐县吕匣镇黑山一带的千层石成因的不同之处是由于岩浆岩侵入，一是使条带状岩石发生浅变质作用，但并未改变其岩石的结构和构造；二是来自岩浆的一些有色元素渗透于条带状岩石中，使之产生蚀变，导致原来颜色单一的岩石，出现红色、棕色、褐色、绿色等色彩；其余阶段与其他千层石一致。

（六）资源潜力及开发前景

鲁西地区寒武系朱砂洞组和馒头组是千层石观赏石资源的主要赋矿层位。资源广泛分布于济南、临沂、淄博、莱芜、泰安、潍坊等地。

七、冰雪石

（一）概述

冰雪石是以方解石为主的观赏石，粗大的晶体部分，晶莹剔透，状若冰块；细小的晶体部分，似白雪堆积；但是颜色很少见纯白色，多混杂有其他物质。其化学成分以碳酸钙为主，另外常含有铁、锰质氧化物，使色彩变化。

（二）鉴赏特征

纯方解石组成的冰雪石，呈无色透明或半透明及白色状态，常被铁、锰、铜等元素染成红、紫、褐、黑等不同颜色，以及由于泥质、灰岩质混入形成的浅灰或柠檬黄色块，但其主色仍为白色和粉白色，在冰雪掩映下出现各种景象，或如雪山春晓，或如玉衣观音，或像雪压青松，或似惊涛拍岸，富有观赏价值（图4-22）。

（三）岩石特征

冰雪石岩性为角砾状灰岩，新鲜面为白色—柠檬黄色—灰黑色相间，风化后为灰白—灰黄色，角砾状结构，块状构造；矿物成分为方解石、铁质氧化物等。整体外观可见方解石结晶于灰岩破碎带中，次生方解石晶体粗大，为白色—浅黄色—乳白色，有柠檬黄色泥灰质充填其中，构成各种图案；摩氏硬度为4，密度为2.6g/cm^3；原石多为巨型块状，采集后需切割、研磨、抛光，少数的自然石亦具有观赏价值。

（四）产地及地质特征

冰雪石出自山东省临沂市平邑县城莲花山、旺沟北山，安丘市辉渠、温泉、雹泉等地及宁阳县鹤山乡等地，以莲花山东北角藏量最多，品质最优。莲花山冰雪石产于平邑—仲村断裂中。该断裂为一近南北向推测断层，露头仅见于平邑县城莲花山，出露长度约900m，其余部分均被第四系地层覆盖；露头处断层倾向向西，倾角75°，断裂带宽度大于20m，断层角砾岩发育，角砾成分以灰岩为主，呈棱角状，大小不等，褐铁矿化蚀变比较普遍，被方解石脉穿插或胶结，形成冰雪石。莲花山出露奥陶系马家沟群五阳山组青灰色厚层灰岩、云斑灰岩，下部为燧石结核灰岩，中部夹角砾状白云岩，厚度390.29m，断裂切穿了奥陶系五阳山组。

图4-22　冰雪石

（五）原岩形成时代及成因

灰岩形成于奥陶纪时期。古生代属于陆缘发展阶段，自寒武纪时期开始接受沉积，形成奥陶系陆表海相碳酸盐岩建造；奥陶纪晚期地壳抬升，造成地层缺失；二叠纪时期地壳抬升，直到早侏罗世时期处于风化剥蚀状态，印支运动主要表现为地壳活化，应力为近东西向挤压，近南北向拉伸，形成区域性北西向断裂和近南北向断裂；岩石受到断裂构造作用影响，破碎严重，形成裂隙，被方解石等热液产物充填，构成角砾状结构及块状构造，形成冰雪石。

（六）资源潜力及开发前景

冰雪石出自山东省临沂市平邑县城莲花山、旺沟北山，安丘市辉渠、温泉、雹泉等乡镇及宁阳县鹤山乡等地。平邑、安丘、宁阳等地构造角砾岩较发育，多与断裂构造有关，角砾岩多为近围岩成分。角砾岩杂乱分布或定向排列，方解石的粗大完好晶体充填于角砾之间，形成冰雪石。

八、杏山石

（一）概述

杏山石，又称花石，产于山东省临沂市兰陵县贾庄乡杏山一带（图4-23）。该石多呈叠生状，粼粼驳驳，朴素典雅；颜色以褐灰色居多，亦有黑、灰、黄、红、白、豆绿、绀青等颜色；体量大小不一，自然形成独立块状，纹理错杂，有飞禽走兽、山水树木、亭台楼阁等多种形态；也有石体呈蜂窝状，细孔繁多，嵌空穿眼，非常奇妙；此外还有珍珠石、云板石、竹叶石、火山石等品类。

图4-23　杏山石（兰陵县贾庄乡杏山）

（二）鉴赏特征

杏山石种类可分为象形石、珍珠石、云板石（又叫浮雕石）、竹叶石、琼阁石等5种，形态可分为人物、畜禽、走兽、花鸟、鱼虫、山水、树木、亭台、楼阁等。玩赏杏山石已有悠久的历史，在明朝时期民间就有收藏。

（三）岩石特征

杏山石的岩性为硅化石灰岩和灰质角砾岩，颜色以褐灰色为主，亦有黑、灰、黄、白等颜色，微晶结构，块状构造、网脉状构造和角砾状构造，主要矿物成分为方解石、白云石、石英，含少量不透明矿物。杏山石的摩氏硬度为3~4，密度为2.78g/cm^3；岩石化学成分为CaO（35.65%）、LOI（24.70%）、SiO_2（23.46%），其次为TFe_2O_3（3.08%）、FeO（2.38%）、Al_2O_3（6.90%）、K_2O（3.30%）、MgO（2.33%），少量的Na_2O（0.01%）、MnO（0.05%）、TiO_2（0.38%）、P_2O_5（0.08%）（表4-5）。

表 4-5 杏山石化学成分一览表

样品编号	成分含量 /%											
	Al_2O_3	SiO_2	CaO	K_2O	TFe_2O_3	FeO	MgO	MnO	Na_2O	P_2O_5	TiO_2	LOI
LLD37QY1	6.90	23.46	35.65	3.30	3.08	2.38	2.33	0.05	0.01	0.08	0.38	24.70

（四）产地及地质特征

杏山石仅产于山东省兰陵县贾庄乡杏山西侧山底至山顶稍靠东侧附近，赋存于寒武—奥陶系九龙群崮山组条带状含白云石微晶灰岩与中生代燕山期石英闪长玢岩侵入接触带上，呈北西向分布，长约700m，宽约200~400m。石英闪长玢岩脉顺层理面侵入，各岩脉不等厚、不等距，岩脉厚5~25mm，极少侵入到厚层灰岩。当地多将其作为园林石使用，亦有用其制作砚台。

（五）原岩形成时代及成因

杏山石形成于燕山期，其原岩为寒武系崮山组白云质条带微晶灰岩，由于与中生代燕山期侵入的石英闪长玢岩接触，发生了接触变质作用而生成了杏山石。原岩中的白云质条带和微晶灰岩，由于其成分不尽相同，受热发生变质作用从而色彩斑驳。崮山组为一套浅海相动荡环境的碳酸盐岩沉积，岩性和厚度均较稳定，主要分布在晒钱埠岩体周围，呈环带状和囊状分布；形状和产状受岩体产状和边界形态控制，规模较小，宽小于10m，一般不连续；接触变质作用较弱，以中—低温变质作用为主。

(六)资源潜力及开发前景

杏山石产于山东省兰陵县贾庄乡杏山一带，赋存于寒武—奥陶系九龙群崮山组条带状含白云石微晶灰岩与中生代燕山期石英闪长玢岩侵入接触带上。

第二节 图纹石类观赏石特征

沉积岩系中的图纹类观赏石，是以其具有不同形态、不同颜色的纹理展现出观赏性和美感。从收藏或陈列的赏品来看，就其体貌特征可分为两大类：有的图纹石类观赏石其原石本身就能清晰展现出千姿百态的纹理特征，具有一种自然美感，可称之为本象类图纹石，主要石种有层理石、缝合线石、龟裂石、风暴石等；有的图纹石纹理细腻，石体自然表面景观不清，但经切磨后则能清晰地显示出绚丽多彩的图案，可称为切磨类图纹石，主要石种有红丝石、金星石、徐公石、浮来石、薛南山石、紫金石、天景石、尼山石、枣花石、旋花石、彩纹石(彩石)、木鱼石、波纹石等。

一、本象图纹石类观赏石特征

(一)杠子石

1.概述

杠子石岩性为深灰色、青灰色灰岩，由于在岩石垂直断面上发育有像水波纹样的黄褐色细条带、条杠，故称杠子石。构成杠子石的岩石类型主要为含泥云质、泥质或硅质条纹、条带的泥晶灰岩、白云岩等，在寒武—奥陶系石炭—二叠系地层都有这类岩石的存在，但这些岩石都呈夹层出现，分布极不稳定。

2. 鉴赏特征

杠子石质地致密细腻，结构均匀，硬度中低，加工性能好，大者可打造庭院景观以及制作盆景、山峰、宝塔，小者可适合加工成茶具、笔筒等工艺品。其观赏价值主要在于青灰色、深灰色的基岩上缠绕着褐黄色的条带或波纹，给人一种玉带环绕和围护的效果，使工艺品增添了天然艺术的美感，加之杠子石质地细腻，色泽滑润，用其制成的工艺品很受人们的喜爱（图4-24）。

(a)　　(b)

图4-24　杠子石（临朐县米山，据《临朐奇石》）

3. 岩石特征

杠子石呈层状产出，岩层一般较厚，厚者可达十几米。

杠子石岩性为含泥云质条纹条带的微晶灰岩，微晶结构，条带状构造，矿物成分主要为方解石（85%）和白云石（15%），岩石中的条带密度一般为4~12条/10cm，条带宽1~10mm不等，一般宽1~5mm，条带主要由细晶白云石和泥质物组成。岩石化学成分为CaO（51.33%）、LOI（41.29%），其次为SiO_2（3.62%），少量的TFe_2O_3（0.62%）、Al_2O_3（0.79%）、K_2O（0.62%）、Na_2O（0.23%）、MgO（0.67%）、MnO（0.03%）、TiO_2（0.05%）、P_2O_5（0.08%）。

4. 产地及地质特征

山东杠子石的赋矿层位主要有寒武系长清群朱砂洞组丁家庄段，寒武—奥陶系九龙群张夏组底部和炒米店组下部，石炭—二叠系地层，此外还有奥陶系马家沟群下部层位。构成杠子石的岩石由硬、软两部分岩性构成条带，岩石风化后硬的部分凸出，软的部分下凹，使杠子石具有明显的塔式叠层景观。杠子石主要产于长清、临朐、莱芜等地。

馒头山杠子石位于馒头山底部，岩性为灰褐色中厚层含燧石条带粉屑（粉晶）白云岩，赋存于朱砂洞组丁家庄段，厚约4.5m，产状80°∠22°；具微细水平层理，下部具缝合线构造，上部含较多砂屑；燧石条带呈黑灰色，具密集的显微水平层理；上覆地层为煌斑岩脉（岩床），下伏地层为灰黄色薄层含泥灰质白云岩。

临朐杠子石主要产于三阳山—二郎庙和米山庄一带；层位位于寒武系炒米店组中下部；含矿层岩系为泥云质条纹—条带灰岩；矿体呈厚层状，单层厚一般为0.3~0.5m，共含杠子石矿层2~3层，总厚度1m左右。

5.原岩形成时代及成因

寒武系长清群朱砂洞组丁家庄段杠子石原岩为含燧石条带的白云岩；寒武—奥陶系九龙群张夏组底部和炒米店组下部杠子石原岩为条带构造发育的黄色泥质灰岩与灰色泥晶灰岩；石炭—二叠系地层杠子石原岩为硅质条带状灰岩；奥陶系马家沟群下部杠子石原岩为泥质条带白云岩、白云质灰岩等。

杠子石多形成于开阔台地边缘相的较深水环境，是海水中沉积的云质灰泥、硅质矿物在固结成岩过程中，使白云石、方解石或硅泥质矿物相对成条纹状集中而成。

6.资源潜力及开发前景

山东寒武—奥陶系地层、石炭—二叠系地层、中生界莱阳群都有杠子石的存在，但分布不稳定，主要产于长清、临朐、莱芜等地。

（二）星星石

1.概述

星星石的岩石学名称为核形石。其由分泌黏液的藻（菌）类或微生物在生长过程中捕获和黏结碎屑物质及碳酸钙质点，围绕核心加积而形成，非固着生长的纹层状结核体，由核心和纹层两个基本单元组成。核心是核形石形成的基础，以蓝绿菌碎片、菌类黏结体、灰岩屑、生物碎屑等为主，决定其纹层类型及外部形态；纹层围绕核心呈层状分布，分为泥晶纹层、富菌纹层及含生物纹层，形态为近同心多层环状、单层环状和不规则状。核形石也称为藻灰结核；

见于鲁西地区的东平、长清、莱芜等地；主要发育在寒武系馒头组和张夏组中（图4-25，图4-26）。

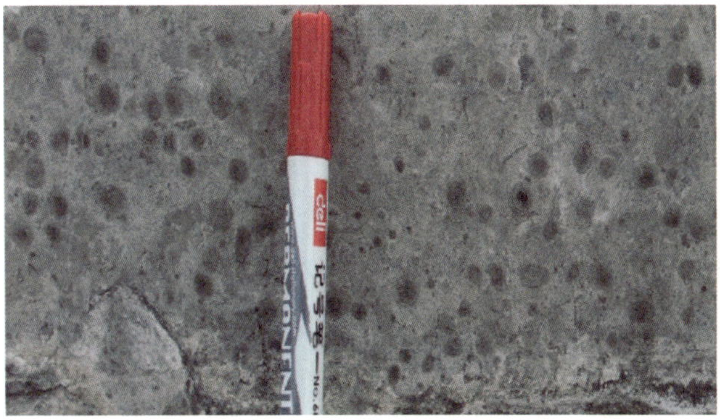

图4-25　星星石（东平腊山）
寒武系长清群馒头组中的核形石灰岩

图4-26　星星石（长清馒头山）
寒武系长清群馒头组中的核形石灰岩

2.鉴赏特征

核形石呈灰色或深灰色，外形圆—椭圆形，具有明显的核心和纹层，核心和纹层形态多样，具有较高观赏价值。

3.岩石特征

根据核形石灰岩的核形石、鲕粒与生物碎屑含量，鲁西地区产出的核形石灰岩可分为10种：核形石灰岩、含生物碎屑核形石灰岩、含鲕粒核形石灰岩、生屑质核形石灰岩、鲕粒质核形石灰岩、生屑鲕粒质核形石灰岩、含核形石生屑灰岩、含核形石鲕粒生屑灰岩、含核形石生屑鲕粒灰岩和含核形石鲕粒灰岩。

在鲁西寒武系产出的核形石灰岩中，对核形石的形成起到控制作用的微生物主要为葛万菌，镜下薄片中可见大量的葛万菌化石，以不同的方式存在于核形石的各个纹层中。

鲁西地区产出的核形石核心主要为生物碎屑核心与内碎屑核心。生物碎屑核心以三叶虫碎屑为主，局部见介形虫、有孔虫碎屑组成的核心。内碎屑核心主要由藻碎屑、粪球、鲕粒团块等组成。

鲁西地区寒武系地层中核形石的纹层按形状可分为环形和球形状纹层、半圆形纹层、椭球状纹层、长条形纹层及波状纹层。按照纹层的连续性及厚度变化情况可划分为规则纹层与不规则纹层。按照其亮暗程度可将纹层类型划分为暗色纹层与亮色纹层。按照纹层组分及内部状态可将纹层划分为泥晶纹层、葛万菌丛状杂乱生长纹层、葛万菌条带状生长纹层、葛万菌凝块纹层、泥晶凝块纹层、含矿物纹层、亮晶方解石内碎屑以及亮晶方解石纹层等。

核形石按照形态可分为球形核形石、椭球形核形石、姜块状核形石。按照核心所在位置可分为中心核形石和偏心核形石。按照核心的组成数量与成分划分为简单核形石和复合核形石。按照纹层厚度与纹层的比值将核形石划分为正常核形石和薄片核形石。按照纹层的组合多少可分为单层核形石与多层核形石（图4-27）。

图4-27　核形石薄片特征（新泰朝阳洞山）
寒武系长清群馒头组中的白云石化亮晶含核形石砾屑灰岩

4. 产地及地质特征

迟乃杰（2011）通过对鲁西地区寒武系产出核形石灰岩的野外观察与分析发

现，寒武系地层出露地区均能见到核形石灰岩的发育，分布广泛，但是发育地层比较局限，仅于李官组、朱砂洞组、馒头组及张夏组中产出，以馒头组与张夏组为主，李官组和朱砂洞组中较少见，主要发育于鲁西东南部地区。

馒头组石店段核形石主要发育于鲁西地区东南部的枣庄、薛城、临沂、马站等地，与鲕粒灰岩、生屑灰岩共生。馒头组下页岩段核形石主要发育于新泰、新汶、微山、长清、枣庄、马站、蒙阴等地，分布广泛，与鲕粒灰岩、生屑灰岩、薄板状泥晶灰岩共生。馒头组上页岩段中部夹中—厚层鲕粒灰岩、生屑灰岩与核形石灰岩。洪河段未见核形石灰岩产出。

张夏组核形石主要产于上、下灰岩段中。张夏组核形石灰岩普遍较厚，约5~20m不等，主要产于济南、东平等地，整体连续性较好，厚度不大，但广泛发育。下灰岩段核形石灰岩主要产于该段的中上部，与鲕粒灰岩、生屑灰岩共生；该段核形石在临沂、莱芜、济南、宁阳、崮山、枣庄等地较为发育。上灰岩段核形石灰岩主要产于该段的底部，与鲕粒灰岩共生，主要发育于鲁西薛城、东平、微山、嘉祥等地。

5.原岩形成时代及成因

鲁西地区星星石主要形成于距今约5亿年的潟湖与河流沉积相下的潮下低能带和潮下高能带微相中，核形石的形成过程可分为核心形成阶段、纹层形成阶段和沉积成岩阶段。

6.资源潜力及开发前景

在鲁西寒武系地层出露地区均能见到核形石灰岩的发育，分布广泛。但是发育地层比较局限，仅于李官组、朱砂洞组、馒头组及张夏组中产出，以馒头组与张夏组为主，李官组和朱砂洞组中较少见，主要发育于鲁西东南部地区地层中。

（三）泗滨砭石

1.概述

砭石，是指能用砭术调理疾病的石头，最早出现在《黄帝内经》中。砭石中又以泗滨砭石疗效最佳。泗滨砭石原指《尚书·禹贡》泗滨浮磬料泗滨浮石，因产于山东泗水之滨，得名泗滨砭石。泗滨浮石是我国最早被命名的石材，用它制成的磬（古代皇家专享的乐器、法器、神器）称泗滨浮磬，在四千多年前就是贡品，用它制成的医疗工具即为砭石。砭石疗法自东汉起失传，直到20世纪90年代，在山东古泗水流域重新发现了能制造砭具的针石，并称之为泗滨砭石，砭石疗法获得了新生。

2.鉴赏特征

用现代医学手段检测，泗滨砭石可以发出许多对人体有益的远红外射线和超声波脉冲，促进微循环、调理新陈代谢，相当于远红外治疗仪加超声波治疗仪。泗滨砭石具有微晶结构，有玉质感，质感非常细腻且软硬适中，摩擦人体时非常舒服。泗滨砭石主要呈砖红色、黄褐色、斑杂色，多红黄相间，色泽润美；局部具红黄相间的顺层或者穿层微细条纹，有的条纹呈同心圆状、波状、木纹状（图4-28）。

(a)

(b)

图4-28　泗滨砭石（泗水）

3.岩石特征

泗滨砭石岩石学名称为砖红色、黄褐色、紫红色、斑杂色纹层状微晶灰岩，多红黄相间，主要为泥晶结构、微晶结构和粉晶结构等，中薄层构造、纹层状构造和块状构造。砭石的矿物成分主要为方解石，少量为氧化铁质、泥质、有机质矿物及石英等。方解石呈他形粒状，粒径多为0.03~0.10mm；晶体排列较紧密，少见机械双晶的方解石，颗粒内裂隙和解理均缺失；集合体呈较为明显的微层状构造，含量一般大于90%。泥质矿物主要为一些隐晶质黏土矿物，呈黄褐色，多同方解石混杂分布，呈不均带状。氧化铁质矿物呈褐红色，粉末状，纹层状或带状分布。有机质矿物呈褐色，为细小鳞片状和粒状，多分布于层理间，零星可见。石英为他形粒状，局部偶见，岩石中金属矿物有褐铁矿，也为他形粒状，代局部可见，含量甚微。此外岩石中还含有颗粒细小的黄铁矿、锐钛矿和石墨，分散在方解石颗粒之间（图4-29）。

砭石的化学成分：CaO（36.83%~50.86%）、LOI（40.48%~42.29%）、SiO_2（3.14%~5.59%）和MgO（1.10%~12.57%），少量的Fe_2O_3（0.54%~1.12%）、FeO（0.10%~0.29%）、Al_2O_3（0.44%~0.75%）、Na_2O（0.03%~0.05%）、K_2O（0.28%~0.45%）、MnO（0.03%~0.06%）、TiO_2（0.04%~0.05%）、P_2O_5（0.04%~0.05%）。

砭石含有55种微量元素，包括贵金属、有色金属、黑色金属、稀有分散金属及重稀土、轻稀土元素。其中5种有害物质（铅、镉、铬、汞、砷）含量均较低。砭石含有对人体有益的微量元素（Mo、Sn、Fe）等30多种，包括21种抗癌因子。砭石无放射性异常。

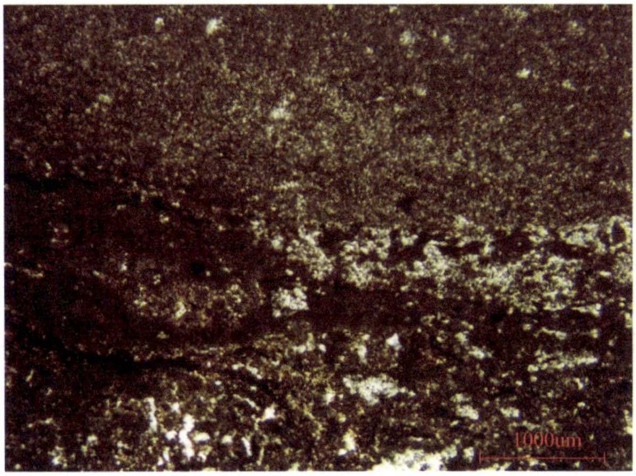

图4-29　泗滨砭石薄片特征

4.产地及地质特征

砭石产地位于枣庄市驿城区留院、吴林，薛城区张范、沙沟，山亭区北庄、桑树等地及泗水县西南部的金庄镇、圣水峪镇、泗张镇等地。砭石产于寒武系长清群馒头组石店段。石店段岩性为紫红色纹层状微晶灰岩、杂色泥云岩、泥质灰岩、灰色中层泥晶灰岩夹生物碎屑灰岩、鲕粒灰岩、藻灰岩。

泗水县南部馒头组石店段为砭石赋矿层位，厚度60m。其中紫红色纹层状微晶灰岩即为砭石赋存母岩，厚度一般为0.5~1.8m，平均1.0m，共圈定砭石矿体10个，按平面分布大致分为3个矿带，沿走向出露总长32854m，沿倾向出露宽8285m；矿石为微晶灰岩，颜色红黄相间，局部以砖红色为主。矿体呈层状，总体走向292°~314°，倾向NE，倾角8°~27°左右，矿层产状与围岩一致；矿体赋存标高114~470m，厚度0.5~1.8m，平均厚度1.0m，厚度变化系数14.65%；矿体与顶底板围岩界线呈过渡状态，顶板为寒武系长清群馒头组石店段纹层灰岩及云泥岩和馒头组下页岩段紫红色页岩，底板为寒武系长清群馒头组石店段薄层灰岩、灰绿色页岩；矿体内偶见夹石，矿化较连续。矿层局部夹有角砾状、碎裂状微晶灰岩。南西部为露头区，向北延入地下，埋深逐渐加大。

5.原岩形成时代及成因

古生代寒武纪时期，泗滨地区逐渐下沉，处于滨海和浅海环境并接受沉积，海水中饱和的碳酸钙围绕着呈悬浮状的质点—泥质矿物或先结晶出的方解石沉积，同时沉积的还有少量的硅质、泥质、氧化铁质矿物等，经成岩作用形成朱砂洞组的厚层灰岩等。随着海水的加深，水体动荡不稳定，沉积了馒头组石店段薄层灰岩和纹层状灰岩等。海水继续加深，该区域处于开阔海环境，沉积了巨厚的紫红色页岩。

至中生代燕山期晚期，随着沂沭断裂带的左行扭动，该区形成了断裂及其次级构造，并伴有层间断裂，大量节理、裂隙的发育为岩浆活动及成矿热液的运移提供了通道。燕山运动晚期，该区有小规模花岗闪长质岩浆活动，形成粗斑花岗闪长岩岩体，呈岩床或岩枝产出，岩床普遍侵位于馒头组石店组下部的朱砂洞组地层中。由于花岗闪长质岩浆的上侵和就位，产生的中低温热液沿裂隙和节理上移，在上移的过程中气水热液汲取围岩中的微量元素，在馒头组石店段的中上部遇到泥云岩和页岩等，气水热液上移遇阻，滞留于石店段中上部的微晶灰岩中；由于微晶灰岩纹理及岩溶发育，为含有丰富有益微量元素的气水热液储存和富集提供了良好的空间，经过长期的热液变质作用，形成砭石矿层。石店段上部的下页岩段的巨厚紫红色页岩是在强烈氧化环境中沉积而成，富含氧化铁及多种微量元素，在漫长的地质历史时期，页岩中的氧化铁质矿物及微量元素在地下水的冲刷作用下沿裂隙等有利通道逐渐下渗流入灰岩中，岩石形成红黄相间的条带和揉皱，再经过持久的地壳升降、区域变质作用、风化剥蚀作用逐渐形成泗水砭石矿床。

6.资源潜力及开发前景

最新发现的砭石矿位于泗水南部的低山丘陵区，总体地形南部较高、北部较低，矿层赋存于寒武系馒头组石店段地层中。区内砭石矿露头自发现以来，已有多处矿点，分布于西马头村—西峪村一带，砭石矿层赋存较稳定，矿石质量较好。根据成矿地质条件、控矿规律等综合分析，泗水南部砭石矿资源前景较好。

（四）木鱼石

1.概述

因其色、纹、声酷似和尚诵经敲打的木鱼，故名木鱼石。其颜色呈紫褐色，与紫檀木的颜色相近，具木质样的纹理，又称木纹石或紫檀石；赋存于寒武系长清群馒头组下页岩段最底部的紫褐色泥云岩，广泛分布于鲁西地区；由于岩层稳定，凡有馒头组出露的地区多有分布，尤其在济南、淄博、潍坊、莱芜、临沂、枣庄、日照等地。

2.鉴赏特征

木鱼石是一种粉晶质灰岩，结构细密，具有微细水平纹层构造，这些纹层是由粒度的差异和不同色调而显示，再加上轻微的变质，使其颜色更加鲜艳，纹层更加细腻，磨制品呈现出绚丽的光彩。

沉积作用形成的木鱼石（一种具纹层状构造的岩石），是指岩石在垂向上由不同色彩的厚度在几毫米或小于1mm、呈直线状或曲线状等的细层纹相间排列构成。每个细层纹往往有比较均一的成分和结构（有时存在粒级变化）。

济南长清所产的木鱼石矿，曾被当作“保健药石”开发成茶具、酒具、餐具、咖啡杯等，具有较好的加工性能，以其制作的摆件由于显示清晰的纹理特征，具有良好的观赏和实用价值。

3.岩石特征

木鱼石的岩石名称为紫红色纹层状含砂微晶—粉晶白云岩，具微晶—粉晶结构，条带状、圈纹状或致密块状构造；主要矿物成分以微晶、粉晶白云石（75%~85%）为主，少量方解石（2%~5%）、砂粒（3%~10%）、绢云母（1%~2%）

和氧化铁质矿物（3%~8%）；摩氏硬度为3~4，密度为2.5~2.6g/cm^3。化学成分主要为CaO（19%~22%）、SiO_2（20%~26%）和CO_2（27%~33%），其次为MgO（11%~15%）、Al_2O_3（4%~7%）、TFe_2O_3（4%~5%）、K_2O（3%~5%），少量的TiO_2、MnO、Na_2O等。由于木鱼石粒度、结构、构造均匀且细密，硬度也比较适中，极易切磨、加工。

4.产地及地质特征

木鱼石在长清地区凡有馒头组出露的区域多有分布，典型产地位于馒头山、双泉庄村和第四峪村。其中双泉庄村木鱼石含矿岩系呈近东西向展布，东西长约2000m，南北宽200~500m，地层产状350° ∠6° ~12° 。

木鱼石赋存于寒武系长清群馒头组石店段最顶部，岩性为砖红色纹层状含砂微晶白云岩。其顶板为灰黄色薄层含粉砂泥质白云岩，底板为灰黄色薄层含粉砂微晶泥质白云岩。长清地区木鱼石岩层比较稳定，厚度一般为5~10m，产状平缓，倾角一般为8° ~5°（图4-30，图4-31）。

枣庄市山亭木鱼石产地位于山亭镇花泉村西1km。木鱼石矿体呈层状产于寒武系馒头组石店段，产状与地层一致，走向北西，倾向北东，倾角为4° ~6° 。其顶板为张夏组灰岩，底板为石店段页岩。矿体与顶底板围岩整合接触。矿石为细砂岩和粉砂岩，呈紫红色，具砂状结构，层状构造，胶结物为铁质和钙质矿物。

图4-30　木鱼石赋存层位（长清双泉庄村）

图4-31　木鱼石原石（长清双泉庄村）

5.原岩形成时代及木鱼石成因

木鱼石含矿岩系赋存于寒武系长清群馒头组下页岩段的底部，形成时代距今约5.1亿年。当时的沉积环境为潮间带，由于为氧化环境，富含铁质的沉积成岩物质显示红褐色，水流在在沉积物中造成岩石粒度、色调、物质成分等的细微变化，使岩石中产生细密的木纹状纹理、平行层理。木鱼石典型产地是济南市长清区张夏镇，号称木鱼石之乡。

6.资源潜力及开发前景

木鱼石赋存于寒武系长清群馒头组下页岩段最底部的紫褐色泥云岩，广泛分布于鲁西地区。由于岩层稳定，凡有馒头组出露的地区多有分布，尤其在济南、淄博、潍坊、莱芜、临沂、枣庄、日照等地；以济南长清一带资源最为丰富，质量最好。目前，各木鱼石产地均已停采多年，张夏至万德一带木鱼石店也多已关闭。

（五）龟裂纹石

1.概述

龟裂纹石即具有龟（泥）裂构造的一种沉积岩石。此种裂纹在平面上呈不规则形状，形似龟背的花纹，故称龟裂纹石。长清张夏馒头山的龟裂纹石为发育在寒武系长清群馒头组中的泥质灰岩（图4-32）。

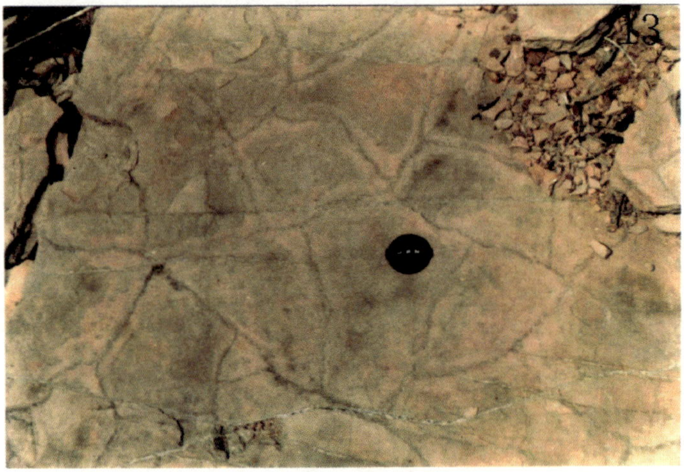

图4-32　龟裂纹石（长清张夏馒头山）
长清群馒头组中泥质灰岩层面上的龟（泥）裂构造

2.鉴赏特征

长清馒头山龟裂石块体大，断面结构显露清晰，极具观赏价值。该类石体在山东省内少有，全球也少见。

3.岩石特征

馒头组石店段黄灰色薄层泥云岩层面具干裂纹，形成龟裂石。泥云岩为泥晶—微晶结构，主要由泥晶—微晶白云岩和黏土组成；具微细水平层理，层面可见泥裂或石盐假晶，可含少量陆源碎屑；因泥质含量变化可过渡为泥质白云岩或云泥岩。

4.产地及地质特征

馒头山属长清区张夏镇管辖。馒头山地区出露早、中寒武统地层，剖面露头完整，地层单元间接触关系清楚，沉积构造现象丰富，古生物（特别是三叶虫）化石富集且保存完整，是进行层序地层学研究、多重地层划分与对比的立项剖面，是不可多得的地学实验室，是地质科研的有利地区和进行地学科普教育的理想基地。馒头山剖面是中国华北寒武系标准剖面的重要组成部分。

龟裂石赋存于馒头组石店段。石店段以紫红色泥云岩、页岩为主，夹有瘤状灰岩。

5.原岩形成时代及成因

一般认为，龟（泥）裂构造是在比较平静的开阔浅海环境下，呈胶体状态的生物碎屑灰泥，经由沉积期、成岩期的凝聚、失水收缩等地质作用形成，即所谓的“干缩龟裂”理论，说明该地区在早寒武世和中寒武世早期处于潮坪环境，海平面震荡，沉积物表面多次暴露出水面。

6.资源潜力及开发前景

龟裂纹石仅见于长清张夏馒头山。

（六）鱼子石

1.概述

鱼子石的岩石学名称为鲕粒灰岩，在这种石灰岩中密布着黑色或者黑褐色鲕状的圆形颗粒，这些颗粒与刚刚孵出的鱼卵极为相似，故称鱼子石。

2.鉴赏特征

鱼子石兼有本象类图纹石和切磨类图纹石两个方面的观赏特征，其后者往往显示更丰富的观赏内涵或精美的观赏图案。鱼子石颜色沉稳，石质细腻，具有较高观赏价值，经加工抛光后，石底色与石上“鱼子”的色调对比鲜明、花色斑斓，其上分散分布的球形、椭球形、花瓣形等各种形态的“鱼子”在石面上或均匀散布，或大小相间，或构成条纹，或形成一些特殊的图案。磨光面的“鱼子”（鲕粒）多显示精细的圈层结构，再加上多彩的岩面，使其五彩斑斓，如同做工精美的斑点花绸布面。据《开悟堂聊砚》一书记载和文物证明，汉代就有用鱼子石制砚，一直延续至今。古今常将鱼子石用于装饰、雕刻器物陈设及制砚等（图4-33~图4-36）。

图4-33 鱼子石（鲕粒灰岩）原石（宁阳皋山）

图4-34　鱼子石（鲕粒灰岩）的抛光面

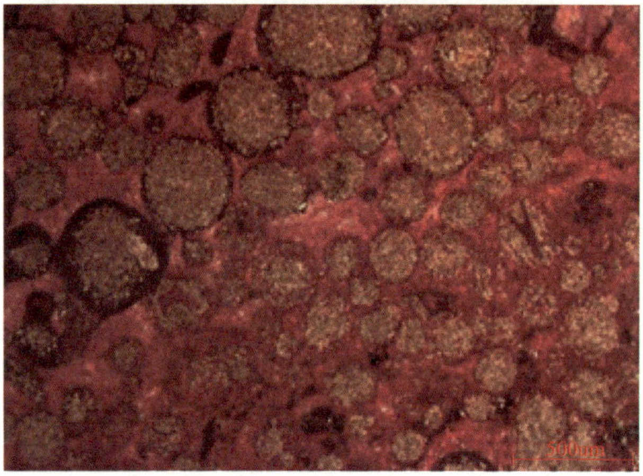

图4-35　鲕粒灰岩薄片特征（染色）（博山下石坞村）

图4-36　鲕粒灰岩薄片特征（泗水立山）

3. 岩性特征

鱼子石的岩石学名称为鲕粒灰岩，这是一种内碎屑碳酸盐岩，碎屑颗粒几乎全为鲕粒，无论是鲕粒还是其间的填隙物均由方解石所构成，化学成分主要为 $CaCO_3$。鲁西中寒武统张夏组鲕粒灰岩，一般为灰色、浅黄灰色，鲕状结构，中厚层至块状构造；鲕粒约占40%~75%，填隙物多由不规则的亮晶方解石组成，含量约为15%~50%；此外含有少量生物碎屑及海绿石。张夏组下灰岩段的鲕粒灰岩与上灰岩段的鲕粒灰岩有明显的区别：前者层理发育，呈中厚层至中薄层状，鲕粒密集分布，大小不均，有成层性现象，构成鲕粒条带，鲕粒大者直径可达5mm，小者不到1mm，在岩层中有时会出现由下向上从豆粒—粗鲕粒—中粒级鲕粒—细鲕粒这样的递变层理；而后者（上灰岩段）鲕粒灰岩成层性不好，往往夹杂在各种类型的藻灰岩间，或呈夹层，或为藻间填隙物居于藻丘凹坑中，或为藻间团块，横向极不稳定，鲕粒大小混杂、无分选，这类鱼子石的“鱼子”也不及前者那样纯净、清晰。

4. 产地及地质特征

鱼子石在我国尤其在山东分布广泛，典型赋存层位是寒武系张夏组。张夏组岩石组合最突出的特征是以鲕粒灰岩为主，夹有各种类型的藻灰岩，部分地区还发育泥页岩夹层，岩层中含有丰富的三叶虫化石。张夏组在区域上分布广泛，遍及整个鲁西地区，在基岩出露区的济南、泰安、莱芜、淄博、潍坊、临沂、日照、枣庄、济宁等地有丰厚的资源，在济阳坳陷也有隐伏赋存。

5. 原岩形成时代及鱼子石成因

鲕粒灰岩是滨海环境下形成的内碎屑灰岩。鱼子石中的“鱼子”亦即鲕粒灰岩中的鲕粒，粒径大小不同，直径大于2mm的为豆粒，小于2mm的为鲕粒，鲕粒又有粗、中、细之分；根据鲕粒内部的结构特征，又可分为正常鲕、薄皮鲕、假鲕和负鲕等。鲕粒灰岩是兼具化学和机械成因的石灰岩，形成于碳酸钙处于过饱和的海、潮波浪活动地带或潮汐通道水流活动地带，波浪和潮汐作用引起水介质的搅动，每搅动一次，水底的各种碎屑（生物碎屑、球粒、内碎屑、陆源碎屑等）颗粒便处于悬浮状态，同时促使二氧化碳从水体中逸出，过饱和的碳酸钙（文石针）则围绕碎屑颗粒沉淀一圈包壳，这样周而复始地搅动，便形成具有一圈圈同心纹包壳的鲕粒，当鲕粒达到一定大小，质量超过波浪、水流搅动的能量，便堆积在海底，不再被搅动，并被胶结起来形成鲕粒灰岩。还有一种鲕是属于在水体动荡环境条件下的生物—沉积成因，称之为藻鲕，它是由蓝绿藻与沉积物颗粒交替围绕一个碎屑颗粒核心形成包壳，成为同心纹状或放射状鲕粒，这种鲕粒的同心层呈现明暗交替的特征。沉积环境的不同，形成的鲕粒灰岩也不一样：潮汐通道水流进退的间歇高能环境下形成以同心、放射及白云化为主的鲕，粒径小、分选好，含较多砂屑和生物碎屑；鲕粒滩或鲕粒砂坝高能且时有暴露环境下形成的鲕，粒径较粗，大小均匀，灰岩层具交错层理和垂直虫孔；浅海盆地弱搅动或间歇搅动低能沉积环境下形成的鲕，多具砂屑或生物屑核心，粒径一般较小，鲕粒含量一般小于50%；滩前边缘、滩后潟湖或开阔台地间歇搅动的中等能量沉积环境下形成的鲕，以放射、同心鲕为主，其次为变晶鲕及藻鲕，常有薄皮鲕、复鲕等，鲕粒粒径变化较大，大小不均；潮坪、陆缘潟湖或局限台地近岸间歇高能沉积环境下形成的鲕，以同心鲕为主，薄皮鲕、偏心鲕、复鲕比较常见。

山东鱼子石形成时代主要是中寒武世徐庄期晚期和张夏期。

6.资源潜力及开发前景

称之为鱼子石的鲕粒灰岩形成于滨浅海沉积环境之下，故层理清晰，厚度和岩性特征横向比较稳定，分布区域较广。因寒武系台地相岩层形成以来，未遭受大的构造运动，岩层产状近于水平，仅向北缓倾，地层倾角一般为10° 左右，只在近沂沭断裂带处地层变陡。鲕粒灰岩比较集中的张夏组下灰岩段厚度一般为50~120m。鱼子石观赏石资源主要分布于济南、莱芜、淄博、潍坊、枣庄、临沂等地。

（七）竹叶石

1.概述

竹叶石的地学名词为竹叶状灰岩、竹叶砾灰岩或砾屑灰岩。岩石为微晶—细晶结构、砾屑结构。砾屑即所谓的“竹叶”，在层面上呈圆形、椭圆形的扁平砾石；在垂直层面断面上，似竹叶，故称竹叶状灰岩、竹叶砾灰岩；呈红、黄、蓝、紫、白等颜色，色泽古朴，偶尔可见砾屑边缘由于氧化作用而出现一圈环

"竹叶"的紫红色或黄红色铁质氧化圈，称为"紫竹叶"，具有"紫竹叶"的岩石称为"紫竹叶灰岩"。"竹叶"在岩石中有平行、叠瓦、菊花状、镶嵌状等各种不同的排列组合图案(图4-37)。

(a)

(b)

图4-37 竹叶石原石(新泰汶南镇)

山东寒武系崮山组和炒米店组下部普遍发育薄层竹叶状灰岩，是很好的竹叶石赋矿层位，所产出的各种形状的竹叶石块体，表面稍加磨光后，就是极好的观赏石；另外用它所加工成的美观的装饰板材，已进入到千家万户的客厅墙面，乃至人民大会堂的会客厅。山东竹叶石观赏石资源相当丰富，几乎遍布于鲁西基岩出露区，典型产地有长清、莱芜、新泰、临沂、青州等。

2.鉴赏特征

竹叶石因其石中纹理似竹叶，且叶缘常呈紫红色，故得名。竹叶石的观赏价值主要在于清晰、形象、周边红紫、内中黄青的"竹叶"，"竹叶"与基底泾渭分明，分布匀称，给人以谐调的感觉。其次是质地，基底和竹叶都较为致密细腻，性质相近，硬度差异小，色泽整体和谐统一，竹叶石展示的是一种整体的宏观艺术，一块大小适中的石体给人以"众、多、满、丰"的意境。

竹叶石硬度中低，易于切削和抛磨，略施加工可成立屏和扇屏摆件。此外，还可加工成花瓶、茶具、笔筒等工艺品。石中众多的紫竹叶象征着"五谷丰登""金玉满堂""多福多寿""万紫千红"等，透示着喜庆、祥和的艺术气息。在建筑行业，还可用于内墙装饰(图4-38)。

3.岩石特征

竹叶石岩性为紫红色竹叶状微晶生物碎屑灰岩或砾屑灰岩，微晶—细晶结构和砾屑结构，块状构造。竹叶状灰岩的砾屑成分为泥晶灰岩，多为压扁的椭球体状，长：宽：厚一般为6：4：1，砾屑长轴多为0.5~10cm，与其中的砂屑级填隙物大小差别很大。砾屑的扁平面大多与岩层面平行，因此在岩层垂直的侧面上所观察到的多是长条状，极似"竹叶"，这些"竹叶"在石体上呈不同的排列组合形式，有互相平行，有呈叠瓦状，也有构成放射状、菊花状。砾屑边缘包裹着红褐色氧化铁质而呈紫红色。竹叶石摩氏硬度为2~4，密度为2.65~2.77g/cm^3；岩石化学成分为CaO（46.66%~51.81%）、LOI（38.93%~41.46%），其次为TFe_2O_3（1.46%~3.50%）、SiO_2（2.75%~6.01%）、MgO（0.50%~2.15%）、Al_2O_3（0.62%~1.52%），少量的K_2O（0.36%~0.93%）、Na_2O（0~0.28%）、MnO（0.03%~0.19%）、TiO_2（0.01%~0.08%）、P_2O_5（0.08%~0.33%）（表4-6）。

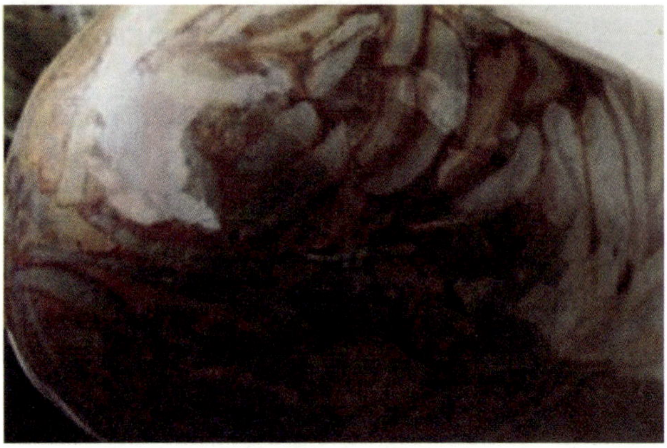

图4-38　竹叶石（据《中国观赏石大全》）

表 4-6　竹叶石化学成分一览表

样品编号	成分含量 /%										
	Al_2O_3	SiO_2	CaO	K_2O	TFe_2O_3	FeO	MgO	MnO	Na_2O	P_2O_5	TiO_2	LOI
CQD04QY1	0.62	2.75	51.81	0.36	1.46	0.47	0.81	0.03	0.27	0.08	0.01	41.46
ZZD538QY1	1.46	5.58	49.10	0.93	1.72	0.60	0.82	0.03	0.27	0.13	0.06	39.38
LWD550QY1	1.10	5.14	49.22	0.69	1.86	0.84	0.98	0.03	—	0.08	0.04	39.99
LQD509QY1	1.27	6.01	48.41	0.71	2.52		0.99	0.07	0.49	0.33	0.08	38.93
YYD530QY1	1.52	5.91	46.66	0.52	3.50		2.15	0.19	—	0.21	0.04	39.12
LQD601QY1	0.72	3.03	51.21	0.42	2.39		0.50	0.06	0.28	0.12	0.04	40.70

4.产地及地质特征

竹叶石在山东赋存于晚寒武统崮山组顶至炒米店组底部，以灰褐色竹叶状灰岩与灰色泥晶灰岩间互层组成含矿岩系，总厚度为70~120m。从区域上看，竹叶石含矿岩系分布较稳定，在整个鲁西地区，凡有崮山组、炒米店组出露的地区均有存在，典型产地有长清、莱芜、新泰、临沂、平邑、宁阳、临朐、青州等。含矿岩系中，竹叶石观赏石矿层与条带状含泥质泥晶灰岩间互出现，还见有褐色鲕粒灰岩夹层。竹叶石矿层多达几十层，总厚度约占含矿岩系总厚度的1/4~1/3，单层厚度一般为0.2~3.0m；具紫色氧化圈的竹叶状灰岩夹层一般有1~2层；单个矿体厚度横向变化不大，一般厚0.2~0.5m，最厚可达1m以上。

临朐紫竹叶石主要产于临朐县冶源镇三阳山—二郎庙和米山一带。在寒武系炒米店组中下部，共含有紫竹灰岩3~5层，每层厚0.2~0.5m，矿层总厚度约1.5m。

5.原岩形成时代及成因

竹叶石形成于距今约5亿年前的晚寒武世中期，形成的古地理环境为开阔台地边缘相区，滨浅海潮间带。由于海浪或风暴潮作用，使浅水区沉积的尚未完全固结的碳酸盐灰泥被搅动成竹叶状砾屑，并被浪潮带到较深水区沉积，同时细晶方解石对其进行胶结形成了竹叶状灰岩。竹叶状砾屑在被搅动和搬运的过程中，由于氧化而在砾屑外表形成了褐铁质氧化层圈，因此形成了“紫竹叶”。竹叶的排列组合形式反映了砾屑沉积时的水动力条件，如平行定向排列则反映上部水体定向平流，陡立放射状、菊花状者可能是风暴浪所致。

6.资源潜力及开发前景

山东寒武系崮山组和炒米店组下部普遍发育薄层竹叶状灰岩，是很好的竹叶石赋矿层位。山东竹叶石观赏石资源相当丰富，几乎遍布鲁西基岩出露区，典型产地有长清、莱芜、新泰、临沂、青州等。

（八）钙质纹层石

1.概述

沉积作用形成的纹层石，是指在岩石垂向上不同色彩的厚度在几毫米或小于1mm、呈直线状或曲线状等的细层纹相间排列构成。相间的细层纹往往有比较均一的成分和结构（有时存在粒级变化）（图4-39）。

图4-39 奥陶系钙质纹层石（青州王坟）
奥陶系马家沟群中具纹层构造的石灰岩—纹层石

2.鉴赏特征

纹层石质地致密细腻，软硬适中，具有明显的水平层理和波状层理特征。

3.岩石特征

纹层石岩性为灰色纹层状微晶灰岩，风化色—灰白色，微晶结构，纹层状构造，单层厚度一般小于1mm；主要由泥晶方解石组成，含少量泥质。

4.产地及地质特征

纹层石产于青州、莱芜、新泰、蒙阴等地，赋存于奥陶系马家沟群北庵庄组底部。蒙阴宋家庄701选矿厂一带马家沟群出露较好，北庵庄组底部发育浅灰—黄灰色厚层泥晶灰岩，灰岩段近底部可见1m层状—纹层状泥纹泥晶灰岩，具强烈揉皱和角砾化现象，灰岩段顶部见厚约5m纹层状泥质灰岩。

5.原岩形成时代及成因

纹层石形成于距今4.7亿年的中奥陶世早期，为陆表台地浅海状态下的局部潮坪相沉积环境，由于水体很浅，强烈的蒸发作用使水体中的泥质凝聚富集并与碳酸盐软泥一起沉积，形成微细水平层理。因波浪的扰动使纹层弯曲变形，从而形成具旋卷状、不规则波折状的缟状纹理。

6.资源潜力及开发前景

纹层石产于青州、莱芜、新泰、蒙阴等地，赋存于奥陶系马家沟群北庵庄组底部，资源较为丰富。

（九）层理石

1.概述

层理石是指能够显示沉积岩层各个组成部分（如矿物或集合体成分、粒度、颜色等）之间的空间分布和排列所具有的线型岩貌特征的石体，即在沉积物形成过程中及沉积物固结成岩之前或固结成岩之后形成的沉积构造，如水平层理、交错层理、递变层理、波状层理等层理构造、缝合线构造（图4-40～图4-45）。

图4-40　层理石（临朐山旺）
由硅藻页岩等组成的新近系临朐群山旺组水平层理构造

图4-41　斜层理石（长岛九丈崖）
震旦系蓬莱群辅子夼组石英岩斜层理构造

图4-42　交错层理石（新泰西都）
侏罗系淄博群三台组（原汶南组）砂岩层中大型交错层理构造

图4-43　交错层理石（莱芜九龙山）
寒武系长清群馒头组洪河段砂岩层交错层理构造

图4-44　缝合线石（长清张夏馒头山）
寒武系长清群馒头组鲕粒灰岩层中的缝合线构造

图4-45 缝合线石（平邑曾子山地质公园）
寒武系长清群朱砂洞组灰岩层中的缝合线构造

2.鉴赏特征

层理是岩石性质沿垂向上通过矿物成分、结构、颜色的突变或渐变而显现出来一种层状构造，清晰美丽，对比强烈，具有较好的欣赏价值。

3.岩石特征

水平层理多出现在细粒的粉砂和泥质沉积中，在低能环境下，由悬浮物质沉积而成。平行层理发育在粒度较粗的细砂和中砂岩中，在急流和底床平坦时形成。交错层理多见于砂岩中，有时也出现于盐岩、硅质岩中，由于波痕迁移形成。缝合线常见于灰岩和白云岩中，与压溶作用有关。

4.产地及地质特征

层理石在鲁西及鲁东山地丘陵区均可见。

5.原岩形成时代及成因

层理石赋存于新太古界—新生界各套地层中。水平层理形成于低能环境下，由悬浮物质沉积而成。平行层理在急流和底床平坦时形成。交错层理由于波痕迁移形成。缝合线与压溶作用有关。

6.资源潜力及开发前景

层理石在鲁西及鲁东山地丘陵区新太古界—新生界各套地层中均可见到。

二、切磨图纹石类观赏石特征

切磨图纹石是指经过切磨加工才能清晰显示岩石的纹理、色彩特征，以及图纹展示的具象、抽象或意象景致的各种地质作用形成的图纹石，如青州红丝石、临沂琅琊石（金星石）、临朐枣花石及旋花石。此类图纹石类型多、产地多，分布较广。下面以产出的地质年代先后顺序列举几种山东常见的切磨类图纹石。

（一）红丝石

1.概述

红丝石，顾名思义，因岩石中发育的红褐色细层纹理在石体中有如红丝萦绕的图案而得名，为我国著名砚石之一。经切磨后的红丝石，常常是在黄色、红色、紫色岩石质底上呈现出具旋卷状、波纹状或同心圆状等形态的微细纹理，且多以红色纹理为主，故称为红丝石。

红丝石的岩石名称为灰—浅褐色厚层状白云质微、泥晶灰岩，微细水平纹理发育。岩石的这种细纹理在自然风化表面并不很清晰，但过切磨抛光后，则显示出色彩艳丽的细密纹理来。当岩石被多角度斜切或受其他外力作用呈凹凸不平的块体时，这种彩色纹理就可构成各式各样、多姿多彩的图案；也可能在原始沉积时，由于波浪搅动使层纹本身呈波状、卷曲状等，构成色彩鲜艳、形态优美的红丝石。

2.鉴赏特征

红丝石质地致密细腻，色泽华润，硬度适中，易于切磨，最适合加工成砚台、石屏和印章等工艺品。

红丝石制成的砚台，质嫩理滑，手试如膏，发墨润毫，墨色相凝，是我国传统名砚之一，为历代文人和书法家所推崇。西晋张华称："天下名砚四十有一，以青州石为第一。"清乾隆皇帝曾为红丝石题诗："鸿渐不羡用为仪，石亦能言制亦奇，疑是补衡成赋后，镂肝吐出一丝丝。”当代书法家赵朴初先生在《临江仙》一词中赞道：“彩笔昔曾歌鲁砚，良材异彩多姿，眼明今更遇红丝，护毫欣玉润，发墨喜油滋。”由此可见红丝石砚台在砚石中的地位。

3. 岩石特征

红丝石岩石学名称为砖红色纹层状含白云质微晶灰岩，呈微晶、泥晶结构，不规则纹层状构造，矿物成分主要为方解石（85%~96%），少量铁质不透明矿物（1%~3%）、白云石（1%~8%）和石英（1%~2%）等。红色纹层由泥晶—微晶方解石组成，含一定的铁质和泥质物，浅色纹层由微晶方解石组成。岩石内部发育少量方解石脉，脉宽0.05~1.5mm，脉体宽窄不一，较曲折，脉内矿物为亮晶方解石。红丝石的化学成分主要为CaO（47%~53%）和CO_2（39%~43%），其次为SiO_2和MgO，少量的Fe_2O_3、FeO、Al_2O_3、K_2O、Na_2O等。

红丝石中主要杂质包括石眼、黄筋、白筋、灰筋和墨雨等。石眼部分即青灰色的椭圆形矿物，呈眼状，主要矿物仍以方解石、白云石等为主，并含有少量石英，部分石眼含有少量重晶石、天青石、石膏等矿物。石筋为黄色、白色或灰色，呈深浅不一的细脉，依据颜色不同，俗称为黄筋、白筋、灰筋等，主要矿物为方解石、白云石等，含有少量石英、云母，部分石筋含有微量赤铁矿、云母、石盐等矿物，颜色深浅变化或许与微量矿物含量有关。墨雨为黑色的杂点，似点点墨迹，主要矿物为方解石、少量石英，微量赤铁矿、白云石、云母、金红石、石盐等，黑色圆点或为铁锰质凝结。

4. 产地及地质特征

红丝石主要出产于青州市黑山、庙子、西山、杨家庵及临朐县冶源镇老崖崮等地。临朐老崖崮红丝石产地位于临朐县冶源镇老崖崮西北约1.5km的小山岗，含矿层呈NE向延伸，长约950m，宽200~300m，含矿岩系岩层倾向为SE，倾角为14°~40°（图4-46~图4-49）。

图4-46　红丝石赋存层位（临朐老崖崮）

图4-47　红丝石原石（临朐老崖崮）

图4-48　红丝石砚（临朐老崖崮）

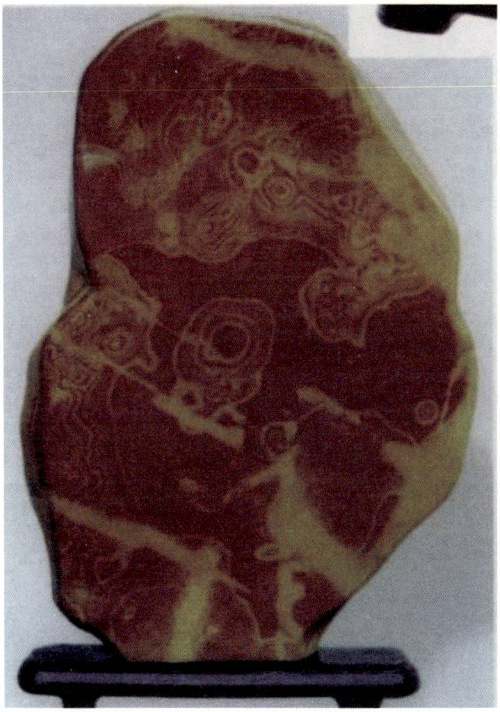

图4-49　红丝石摆件（临朐老崖崮）

青州黑山红丝石产地位于青州市邵庄镇黑山中上部，含矿层呈SE向延伸，长约950m，宽150~350m，含矿岩系岩层倾向为NW，倾角10°~30°（图4-50~图4-53），山南山北均有产出。

图4-50　红丝石矿坑（青州黑山）

图4-51　红丝石原石（青州黑山）

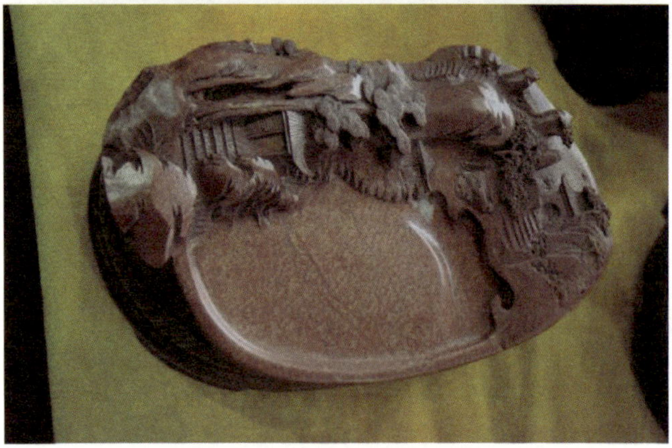

图4-52　红丝石砚（青州黑山）

图4-53　红丝石摆件（青州黑山）

红丝石赋存于奥陶系马家沟群北庵庄组底部，含矿岩系为青灰色厚层至巨厚层含白云质泥晶灰岩夹浅黄色白云岩和具紫红色、橘黄色纹理的白云质泥晶灰岩，后者为红丝石料上等品。其下伏地层为马家沟群东黄山组土黄色薄—微薄层泥云岩，上覆地层为北庵庄组灰色厚至巨厚层泥晶灰岩。

目前，红丝石产地均禁止开采，其中临朐老崖崮产地已经被设为临朐县红丝石保护区，周边设立了铁质围栏围护，采坑还存在，红丝石露头已经被掩埋，保护区面积约40000m^2。

5.原岩形成时代及成因

含红丝石的岩系形成于距今4.7亿年的中奥陶世早期，当时为陆表台地浅海状态下的局部潮坪相沉积环境，由于水体很浅，强烈的蒸发作用使水体中的泥质和褐铁矿凝聚富集并与碳酸盐软泥一起沉积，构成了红褐色、平行的微细水平纹层理；有的因波浪的扰动使纹层弯曲变形，从而形成具旋卷状、不规则波折状的缟状纹理。纹层中褐铁矿成分较高者，呈紫色；纹层中褐铁质很少，以较纯方解石为主者，则呈黄色，这就是红丝石最初的形成过程；后经漫长地质历史时期的固结成岩作用，即成为现在的红丝石。特殊的生成环境和地层赋存条件，使得红丝石愈加稀有珍贵。

6.资源潜力及开发前景

鲁西青州、临朐、临沂、潍坊、淄博、泰安、济南、莱芜等地存在东黄山组和北庵庄组地层的区域，均具备红丝石资源赋存的有利条件，含矿层分布比较稳定，有必要开展地质调查。

（二）金星石（羲之石）

1.概述

金星石为传统鲁砚石的一种，由于砚石中含有星点状黄铁矿晶体，大者如豆，小者如粟，似金光闪烁，因而被称为“金星石砚”或“金星砚”。因古代以其制砚源于临沂（费县寺里），古属琅琊郡（亦称琅琊国），故称琅琊石；而琅琊郡又是东晋大书法家“书圣”王羲之的故里，又名“羲之石”，用它制成的砚台称“羲之石砚”或“羲之砚”。该砚石产于费县探沂镇岐山东坡岐山寺南的箕山涧洗耳河畔。

2.鉴赏特征

金星砚历史悠久，文化深厚，石质坚韧、温润莹洁、纹理细密，具有很高的实用价值和艺术价值。北宋大文学家、大书法家苏轼曾对金星砚进行品评："石墨如漆，温润如玉，金星遍布，有大如豆者，细微发墨，叩之有声，制砚上品也。"2006年金星砚制作工艺被列入国家级非物质文化遗产名录。2014年费县被文房四宝协会评为"中国金星砚之乡"。砚石有时可见奶油色彩纹，如流云、飞瀑，时隐时现，而三叶虫化石的出现，更使砚石增添生机，加上石质坚而不顽，研墨无声，发墨有光，深得文人墨客喜爱。

3.岩石特征

金星石岩石学名称为灰黑色薄层状、透镜状含黄铁矿微晶—粉晶灰岩，具粒屑结构、微晶结构，薄层状、透镜状、块状构造，主要矿物成分以微晶、粉晶方解石为主（80%~90%），其次为生物碎屑（3%~8%）及白云石（1%~3%），并含有少量呈星散状、脉状或团块状分布的黄铁矿（1%~3%），偶见黄铜矿、闪锌矿，摩氏硬度为4.4，密度为2.65~2.68 g/cm^3。岩石局部发育脉体，脉体宽多小于0.2mm，脉体多填充亮晶方解石。生物碎屑多被亮晶方解石交代，个别碎屑被黄铁矿交代，碎屑颗粒多呈不均匀条带状集合体分布。黄铁矿多呈半自形—自形粒状，星散状、团块状均匀分布在碳酸盐颗粒之间，局部呈近圆状或不规则粒状集合体，个别沿裂隙呈脉状分布（图4-54，图4-55）。部分金星石

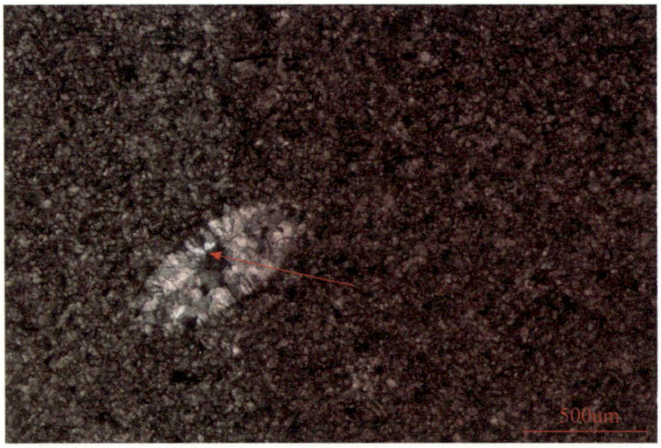

图4-54　金星石薄片特征（费县岐山）

石体发育有褐黄色彩纹及三叶虫化石碎片，增加石体色彩。金星石的化学成分主要为CaO（47%~48%）和CO_2（38%~39%），其次为SiO_2（6%~8%）、Al_2O_3（1%~2%）和Fe_2O_3（1%~2%），少量的FeO、MgO、K_2O、Na_2O等。

图4-55　金星石光片特征（费县岐山）
Py—黄铁矿、Cb—碳酸盐矿物、Sp—闪锌矿、Ccp—黄铜矿

4.产地及地质特征

金星石产于费县探沂镇岐山东坡岐山寺南的箕山涧洗耳河畔，在岐山西坡的齐家湾村东、许由洞东亦有零星出露。岐山寺口金星石含矿层呈NNE向展布，南北长约200m，宽60~100m，含矿岩系地层产状10°~15°∠5°~12°（图4-56，图4-57）。

图4-56　金星砚产地（费县岐山）

图4-57　金星砚矿层（费县岐山）

金星石赋存于寒武系九龙群张夏组盘车沟组底部，含矿岩系为灰黑色页岩夹灰黑色薄层状、透镜状含黄铁矿微晶灰岩。其下伏地层为张夏组下灰岩段厚层鲕粒灰岩，上覆地层为张夏组盘车沟段黄绿色、暗绿色页岩。金星石单层呈似层状、透镜状赋存于矿化层中，矿层沿走向和倾向延伸较稳定，与地层产状一致。

含金星石的矿化层呈层状、似层状或透镜状与灰黑色页岩不等厚互层，在2m厚的含矿岩系中，共赋存矿化层6层，每层的石质都有所不同，自上而下灰岩夹层逐渐增多增厚，单层厚度一般为4~10cm。其中，第1层呈透镜状，厚1~3cm，为紫黑色小扁平状卵石，状如扁卵、龟鳖形、蚌形，大如掌，小如鹅卵；第2层呈透镜状，厚3~8cm，为墨黑色大扁平卵形石，石色墨黑，椭圆形碎点细金带，金星屡见，大小相间，是金星石中的上品，制砚最好；第3层呈薄层状，厚5~8cm，黄铁矿呈星散状、细脉状分布，是金星砚的主要料石；第4层呈薄层状，厚4~6cm，黑色，黄铁矿呈星散状均匀分布；第5层呈薄层状，厚约2~4cm，黄铁矿呈星散状、细脉状分布；第6层呈薄层状，厚7~10cm，一面满面金星，大片金晕，黄铁矿呈浸染状、团块状展布，另一面金星细小而亮，伴有缕缕金丝，黄铁矿呈星散状、细脉状展布，石料非常难得。

5.原岩形成时代及成因

金星石赋存于寒武系张夏组盘车沟段底部，形成时代距今约4.97亿年。当时的沉积环境为台地边缘礁相带与台地边缘斜坡相交替。台地边缘礁相带，海水较浅，能量较高，藻类发育，形成厚层的鲕粒灰岩、藻灰岩等；台地边缘斜坡相，海水较深，以页岩沉积为主。台地边缘礁相带之后为台地边缘斜坡相，藻类生物被更深海水所覆盖，处于厌氧状态。海水具有弱碱性，这种介质条件对于硫酸盐还原菌和许多微生物的活动很有利，把海水中的硫酸盐还原成为H_2S，H_2S的形成使水体中的氧消耗殆尽；而处于强还原环境中，沉积物中的Fe^{3+}被还原为Fe^{2+}，在富有机质的环境下，硫元素参与反应最终形成黄铁矿；因此，薄层状、透镜状微晶灰岩中遍布星点状、团块状黄铁矿晶体，成为具观赏价值的金星石。

6.资源潜力及开发前景

金星石赋存于寒武系九龙群张夏组盘车沟段地层底部，区域上分布在章丘—泰安—平邑—兰陵以东的鲁西地区，范围较广，具有寻找资源的良好前景。

（三）徐公石

1.概述

徐公石即制作徐公砚的岩石，因其产于山东省沂南县青驼镇徐公店村而得名。其石质较硬，密度较高，色泽及纹理较丰富；具有形奇、色美、质润、石温之特点，具有良好的观赏性；用其制砚叩之清脆，其声如磬，下墨如挫，发墨如油，色泽鲜明，且不损毫，被列为砚石材之上品。

2.鉴赏特征

徐公石大约形成于6亿5千万年前，经历漫长的地质时期；岩石形态各异，纹彩奇妙，天趣盎然。其色泽有茶叶末、蟹盖青、鳝鱼黄、沉绿、生褐、绀青、橘红等，多色相间，众色纷呈，五彩缤纷。石头纹理变幻多彩，有霞辉、迷雾、云浪、水波等（图4-58）。

徐公石因其色泽及纹理丰富，纯朴雅观，成为制砚优良材质；以其制作的徐公砚曾被称为“中华第一自然砚”；以徐公石雕刻成的镇纸、朗石、笔筒等工艺品，与徐公砚搭配成趣，相得益彰。

图4-58　徐公砚（沂南县青驼镇徐公店村）

3.岩石特征

徐公石岩石学名称为青灰、暗绿或褐黄色薄层状—透镜状微晶灰岩，微晶结构，薄层状、透镜状构造，主要由微晶方解石（85%~95%）和少量砂岩（1%~3%）、绢云母（1%）、铁质矿物（1%~2%）等组成；摩氏硬度为4.4，密度为2.67~2.70g/cm^3，具不平整块状断口，质地细腻。岩石局部脉体发育，多呈网脉状，脉体宽为0.02~3.3mm，多填充亮晶方解石，沿裂隙充填铁锰氧化物，偶见有黄铁矿等金属氧化物。徐公石的化学成分主要为CaO和CO_2，其次为SiO_2和Al_2O_3，少量的Fe_2O_3、FeO、MgO、K_2O、Na_2O等（图4-59，图4-60）。

图4-59　徐公石薄片特征（沂南徐公店）

图4-60 徐公石内方解石细脉特征（沂南石岗岭）

沂水县姚店子镇土沟村产地徐公石岩石学名称为深灰色薄层状—透镜状含粉砂微晶灰岩，微晶结构，薄层状、透镜状构造，主要由微晶方解石（65%~70%）、亮晶方解石（5%~8%）和少量砂粒（10%~15%）、白云石（2%~3%）、绢云母（1%）、铁质（1%~2%）等组成；摩氏硬度为4.4，密度为2.67~2.70g/cm^3。岩石发育脉体，脉体宽约为0.3mm，脉体多充填亮晶方解石，沿裂隙充填铁锰氧化物。

4.产地及赋存特征

徐公石分布范围较广，在沂南县青驼镇卢山西头—徐公店砚台沟至兰山区汪沟镇石岗岭—柴胡山一带和沂水县姚店子镇土沟村至黄山铺镇大官庄村一带均有产出。徐公店砚台沟产地矿区范围呈NW向不规则条带状展布，长约400m，宽100~150m。

徐公石赋存于新元古界土门群佟家庄组页岩段，含矿岩系为灰绿色钙质页岩夹深灰色薄层状—透镜状微晶灰岩。徐公石单层呈薄层状、透镜状赋存于矿化层中，顶底板均为灰绿色、黄绿色钙质页岩。佟家庄组页岩段厚度变化较大，薄者仅几十米，厚者则达200多米，其中的灰岩夹层数量多，而单层较薄，一般为1~6cm，个别层厚度可达20cm，也有夹层呈透镜状产出。沂水县姚店子镇土沟村所产徐公石单层较沂南县青驼镇徐公店砚台沟所产徐公石单层要厚，一般为4~15cm，个别层厚可达25cm。含矿岩系多为向北东倾斜的单斜岩层，矿层沿走向和倾向延伸较稳定，产状与地层产状一致，含矿岩系地层产状

50° ~65° ∠ 18° ~30° 。砚材周边见呈石乳状、纵横交错和垂直的石纹。由于岩石处于构造活动带，受到较轻微的变质，徐公石体内有时会出现网状方解石细脉，这为观赏石增加了美感。石岗岭坑所产砚石，较其他徐公砚石更厚重，色泽青黑，坚润宜墨，光溢如漆。

5.原岩形成时代及徐公石成因

徐公石形成时代为新元古代南华纪，距今约6.5亿年，属浅海环境，但水体较深，水动力较弱，由于快速海侵，容纳空间进一步增大，构造沉降作用加剧，陆源沉积物供应不畅，导致了盆地内形成相对饥饿期沉积（黄绿色页岩），水体中的碳酸钙在适当的环境下沉淀，夹杂在沉积软泥中，而后成为页岩中的微晶灰岩夹层或透镜体，这些微晶灰岩发育纹层构造，有些饼状、透镜体周边常有细碎石乳状天然纹饰，这是岩石受轻微变质、岩石中的方解石重结晶且进行有规律排列的结果。变质作用及硅质的加入，致使岩石颜色变深，硬度和密度增加，也增加了徐公石的抗加工性能。

6.资源潜力及开发前景

徐公石赋存于新元古界土门群佟家庄组页岩段，佟家庄组页岩段地层分布在安丘—莒县断裂以西，昌乐—九山—夏蔚—垛庄—车辋—峨山一线以东地区，露头较好，范围较广，资源潜力较大，具有寻找资源的良好前景。

（四）浮来石

1.概述

浮来石，既是一种制砚用石，也是一种自然观赏石，因最初发现于莒县浮来山而得名。岩石名称为暗绿色薄层状或透镜体状含粉砂质微晶灰岩。其石色绀青、褐黄、沉绿，石体多具自然溶蚀边，形似“冰纹”，更独具异彩，富有观赏性，又是制砚的上等石料。浮来石矿赋存于土门群佟家庄组页岩段，广泛分布于昌乐、莒县、沂水、费县、苍山等地。

2.鉴赏特征

浮来石是一种沉积成因的含有少量细碎屑的微晶灰岩，后经轻微变质，使原来的层纹更加清晰，色泽有绀青、褐黄、墨绿、橘红等，多色相间，色彩纷呈；石质纹理细密，石内分嵌橘黄色大冰纹，纹理与石胎色异质同，构成天然图案，令人赞叹。磨光的自然石体，摆放于庭中案头令人赏心悦目。

浮来石砚载于史籍，雍正《莒州志》转载："东坡守密州，取龙尾石制砚，并为之作铭。"明朝万历年间，曾作为贡品，深荷宸赏。浮来砚石质理细致，拭之如膏，制砚着水发墨，书写字画光凝如漆，盖以石墨相亲，潋滟生辉，尤以洛山、寨里两地之石更佳，其色呈紫绛及橙黄，质腻面润，不需精雕，自成砚形（图4-61）。

图4-61　浮来砚（莒县刘家砚疃村）

3.岩石特征

浮来石岩性为墨绿色、褐黄色薄层状或透镜状含粉砂质微晶灰岩，色泽有绀青、褐黄、墨绿、橘红等，微晶结构，薄层、层透镜状构造，主要矿物成分为方解石（75%~80%）、砂岩（10%~15%），少量绢云母、黑云母、硅质和铁质矿物，硬度4~5，密度为2.61~2.81g/cm^3。岩石发育脉体，多呈网脉状，脉体宽多小于0.8mm，多充填亮晶方解石和不透明矿物。

4.产地及赋存特征

浮来石产于莒县刘官庄镇刘家砚疃村、大砚疃村一带。刘家砚疃村浮来石含矿层呈SEE向展布，南北长约800m，宽60~100m，含矿岩系地层产状100°~110°∠70°~80°。

浮来石赋存于新元古界土门群佟家庄组页岩段，含矿岩系为灰绿色钙质页岩夹墨绿色、褐黄色薄层状—透镜状微晶灰岩，作为砂页岩中的灰岩夹层出现，夹层数量不多，单层厚度也不大，一般为4~15cm，个别层厚可达25cm，常呈薄层或透镜体产出。石体经轻微变质后呈微晶质结构，其质地更加细腻，层纹更清晰，色彩更鲜艳。含矿岩系多为向北东倾斜的单斜岩层，浮来石单层呈似层状、透镜状赋存于矿化层中，矿层沿走向和倾向延伸较稳定，产状与地层产状一致。

砚材周边有呈石乳状、纵横交错和垂直、变幻无穷的石纹。由于岩石处于构造活动带，受到较轻微的变质，浮来石体内有时会出现网状方解石细脉，这对观赏石来讲增加了美感。

5.原岩形成时代及浮来石成因

浮来石形成于新元古代南华纪，距今约6.5亿年，当时由于拉张形成的沂沭海盆处于浅海环境，两侧古陆供给较充足的陆源碎屑，形成泥砂质沉积，并间互夹有内源的碳酸盐岩沉积层，成岩后的石灰质夹层经过了地质时期的变质作用，由粉屑结构变为微晶结构，岩石中的变质矿物定向性排列，使层纹状构造更加清晰，再加上后期发育的亮晶方解石细网脉，使浮来石又增添了新的色彩。

6.资源潜力及开发前景

浮来石赋存于新元古界土门群佟家庄组页岩段，佟家庄组页岩段地层分布在安丘—莒县断裂以西，昌乐—九山—夏蔚—垛庄—车辋—峨山一线以东地区，露头较好，范围较广，资源潜力较大，具有寻找资源的良好前景。

（五）龟山石（鹤山石）

1.概述

龟山石，又名鹤山石、龟血石，用它制成的砚台称“龟山砚”“龟山石砚”“鹤山石砚”“鹤山砚”，产于宁阳县鹤山乡鹤山、龟山一带，以红色为主，还有的黄、红相兼，上布黄金斑点，纵横银线，储量极少，十分珍贵。龟山石分布不均，西部石质较软，适于加工茶具；东部石质较硬，适于制作砚台。砚材质地细嫩，坚而不顽，发墨而不滞笔。

2.鉴赏特征

龟山石多为红色，掺杂金黄，以软硬适中、温润、细腻、娇嫩闻名，做成的砚台易于发墨，研出的墨汁晶莹光亮，书写流畅，字迹颜色经久不变，是制作砚台的好原料，手工雕刻成砚台后，具有坚而不顽、柔中有刚、滑不拒笔、涩不滞墨等特点，且其上分布黄金斑点，纵横银线，有“研笔如锉，化墨如油，隔宿不漏”之美誉（图4-62）。

图4-62 龟山砚

3.岩石特征

龟山石岩石学名称为紫红色纹层状含粉砂微晶灰岩，具微晶结构，薄层—纹层状构造；主要矿物成分以微晶、亮晶方解石（82%~85%）为主，其次为砂粒、绢云母和氧化铁质矿物；摩氏硬度为3~4，密度2.5g/cm^3；岩石发育脉体，宽度多小于0.2mm，脉体多填充亮晶方解石。龟山石的化学成分主要为CaO（42%）和CO_2（34%），其次为SiO_2（15%）、Al_2O_3（3%）和Fe_2O_3（2%），少量的FeO、MgO、K_2O、Na_2O等。

4.产地及地质特征

龟山石产地主要有泰安市宁阳县鹤山镇山洼村鹤山、龟山等地。

宁阳鹤山镇龟山石产地位于泰安市宁阳县鹤山镇山洼村北约0.5km的山脚上，矿区范围呈不规则状东西向展布，出露长度约2km，面积约2km^2。

龟山石产于寒武系长清群馒头组石店段顶部，含矿岩系为砖红色含粉铁质泥质微晶灰岩，厚3~5m。其下伏地层为褐灰色薄至中层微晶含泥白云岩夹黄绿及紫红色页岩，上覆地层为黄灰色薄层含粉砂泥晶—微晶泥质白云岩夹杂色纹层状含粉砂云泥岩，含矿岩系地层产状350°∠6°~12°（图4-63）。

图4-63　龟山石赋存地层（馒头组石店段）

5.资源潜力及找矿前景

龟山石赋存于寒武系长清群馒头组石店段顶部的砖红色含粉铁质泥质微晶灰岩，主要分布于泰安市宁阳县龟山、鹤山一带，资源潜力较为丰富。

（六）田横石

1.概述

田横石即制作田横砚的岩石，因其产于秦末至西汉初田横五百壮士殉难处——田横岛而得名，属即墨区管辖。明嘉靖《即墨县志》有“田横石，可琢砚”的记载。清代《即墨县志》称：“田横石质坚，色黑如墨，少有文彩，偶见金星。以其制砚，下墨颇利。”清末民间制成的田横石砚有梅、莲等浮雕，也有无雕饰的“墨海”。田横砚石质温润，色黑缜密，带有金星者，映日可见，是实用性和观赏性结合之良材。

2.鉴赏特征

田横石细腻柔润而不失刚利，颜色黑褐光亮，如乌金墨玉般晶莹可爱。其砚石没于海底下的称为“水岩”，石质温润不干燥，质密色黑，带金星的砚石，映日可见，下墨颇利，发墨有光，制砚实用。此砚石制成的砚台，称作田横砚（或称田横石砚），不仅是田横砚台中之佼佼者，在鲁砚系列中亦属上品（图4-64，图4-65）。

图4-64　含黄铁矿田横砚（即墨田横岛）

图4-65　田横砚（即墨田横岛）

3.岩石特征

田横石岩石学名称为黑色细粒钙质长石石英砂岩和泥岩互层，细粒砂状结构或泥质结构，块状构造，砂岩部分主要由石英、长石、岩屑和云母等碎屑颗粒和碳酸盐岩、绢云母、黑云母、泥质矿物等填隙物组成，泥岩部分主要由泥质矿物、砂岩、绢云母等组成，局部见黄铁矿等金属硫化物呈星点状展布，摩氏硬度为4~5，密度为2.52~2.59g/cm^3（图4-66）。

田横石的化学成分主要为SiO_2（52%~59%）和Al_2O_3（12%~14%），其次为CaO（7%~8%）、CO_2（8%~11%）、TFe_2O_3（4%~5%）、MgO（3%~4%）、K_2O（3%~4%），含少量的Na_2O、P_2O_5、TiO_2等。

图4-66　田横石薄片特征（即墨田横岛）

4.产地及赋存特征

田横石产于山东省即墨田横岛西南隅近海处砚石沟，岩石从岸上延伸入海中；没于海底之下的须退潮时方可开采，叫作“水岩”。矿区呈南东—北西向展布，长约300m，东西宽40~100m不等。砚石赋存于白垩系莱阳群杨家庄组，岩性为黑色薄层—中层状粉砂质泥页岩，顶底板为灰绿、灰黄色中细—粗粒长石砂岩夹粉砂岩、页岩。杨家庄组页岩段厚度变化较大，少者仅几十米，多则达200多米，其中的灰岩夹层数量多，而单层较薄，一般为1~6cm，个别层厚度可达20cm。赋存田横石的地层，多为向西南倾斜的单斜岩层，矿层沿走向和倾向延伸较稳定，产状与地层产状一致，其产状较缓，倾角多为22°~30°，倾向多为235°~245°。

暴露在陆地上的石材干燥粗松、多裂缝，不适合制砚；淹没在海水中的石材，石质温润、色黑，偶见有带贝壳者或带金星者，映日可见，是实用性和观赏性结合之良材（图4-67，图4-68）。

上佳的田横石，是延伸到海中的二、三组礁石，退潮时方可开采，此处即为田横石砚的“水岩”，也可称之为“水坑”“海坑”；近年由于开采力度加大，受潮汐的影响，砚坑被不同程度的回填，增加取石的难度。砚石沟内散落田横石，有时可以捡到不错的田横石砚材，多为开采者散落的砚石。

图4-67 田横石产地（田横岛砚石沟）

图4-68 田横石赋存地层（即墨田横岛）

5.原岩形成时代及成因

田横石形成时代为中生代白垩纪，距今约1.2亿年，当时该区域位于胶莱盆地，半干旱亚热带气候下的辫状河—三角洲—浅湖逐渐沉积了灰黑色长石石英砂岩夹泥岩。

6.资源潜力及开发前景

田横石赋存于白垩系莱阳群杨家庄组地层，区域上分布在即墨区王村镇一带，在细粒钙质长石石英砂岩和泥岩出露处，具有寻找田横石资源的良好前景。

（七）紫金石

1.概述

紫金石是一种紫色质底中有金色条纹的石灰岩，因其呈猪肝紫、褐紫、灰紫、酱紫等紫色调，尤其石中嵌穿金黄色、青黄色筋纹或条带，故名紫金石。其石质坚硬细腻，温润如玉，手试如膏，以金属敲之，声音清脆圆润，既可制作精美的工艺观赏品，又可制砚。

2.鉴赏特征

紫金石质地致密，硬度中低，色泽润滑亮洁，加工性能极强，适于随意切磨和雕刻，是制砚之良材。紫金石砚为山东传统名砚，始于唐代，盛于宋代，历史悠久，文化深厚，石质坚韧、温润莹洁、纹理细密，具有很高的实用价值和艺术价值。宋高似孙《砚笺》云："紫金石出临朐，色紫润泽，发墨如端歙，唐时竞取为砚，茫润青响，国初已乏。"除制砚外，加工成石柱、花瓶、茶具、镇纸等工艺品也异常美观（图4-69）。

(a)

(b)

图4-69　紫金石工艺品（临朐）

3.岩石特征

紫金石岩石学名称为紫灰色—灰紫色微晶灰岩，具微晶结构，块状构造及龟背纹状构造，主要矿物成分以微晶方解石为主（95%），其次为少量粉晶方解石（3%~5%）、白云石和少量氧化铁质矿物，摩氏硬度为4.4，密度为2.66g/cm^3。紫金石的化学成分主要为CaO（51%）和CO_2（41%），其次为SiO_2（4%）、Al_2O_3（1%），少量的TFe_2O_3、MgO、K_2O、MnO、Na_2O等。原岩中成分和粒度的不均匀、不规则分布，导致成岩过程中弱白云岩化的不均匀，使得岩石呈现条斑，紫金石可能由于方解石和白云石中含有Fe^{3+}和Mn^{4+}而呈现紫色；其中嵌布的黄色筋纹也为微晶灰岩，可能是由于Fe^{3+}和Mn^{4+}被还原所致（图4-70）。

图4-70　紫金石原石（临朐县三阳山）

4. 产地及赋存特征

紫金石产于临朐县冶源镇三阳山—二郎庙和米山庄一带，分为两个矿区。三阳山—二郎庙矿区呈一近东西向延长的不规则长方形，面积约0.85km²。米山庄矿区呈一近似圆形，面积约0.28km²。

紫金石赋存于晚寒武统九龙群炒米店组中部，含矿岩系为深灰色中薄层至中厚层泥云质条纹、条带状灰岩，紫红色、褐黄色竹叶状灰岩和藻凝块灰岩韵律层。含矿层厚1~2m，一般为1.5m左右，岩性组合为灰白色、黄绿色页岩和薄板状泥灰岩夹中薄层状、透镜状紫灰色、灰紫色微晶灰岩，含矿层顶板岩石为中薄—中厚层灰岩（紫金石矿层）。底板岩石为中层紫灰色藻凝块灰岩，含矿层产状340°~350°∠5°~15°。

紫金石矿体呈中薄层状或透镜状个体，断续分布于含矿层的底部和中下部，单个矿体厚度一般为5~20cm，大小为0.3m×0.3m~2m×2m，多数为0.5m×0.5m~1m×1m左右，位于底部的单个矿体往往比位于其上的稍厚，长、宽也较大。单矿体之间互不相连，其间隔距离不等。在整个含矿层中，紫金石矿层的含矿率约为5%~6%。

5.原岩形成时代及紫金石成因

紫金石含矿岩系形成于距今约4.9亿年前的晚寒武世，为台地边缘相沉积环境。该沉积环境下，由于海水呈幅度不大的频繁进退，生成了一套以竹叶状灰岩—泥云质条纹、条带灰岩—藻丘灰岩为主的韵律沉积；当较大规模海退时，台地边缘海水相对变浅，氧化作用加强，使海水中含有一定的褐铁质和锰质物，生成了紫灰色钙质软泥沉积。当海侵突然扩大时，海水变深，随着沉积物的不断增厚，上述具氧化特征的紫灰色碳酸盐岩沉积物处于深水区底部，埋藏于新的沉积层之下，在地质历史过程中成岩。紫灰色灰岩在海侵初期，被海浪强烈扰动，成为透镜状并产生一些不规则的细裂纹，深水盆地中还原状态的海水，顺微细裂纹注入紫灰色灰岩中，使灰岩中的褐铁质和锰质物发生还原，从而使裂纹附近的灰岩从紫灰色转变成青黄色或金黄色，这就形成了成岩后的紫金石。

6.资源潜力及开发前景

紫金石典型产地为临朐县冶源镇一带，石体呈多层出现，单层厚一般为5~20cm，累计厚度可达2m。在三阳山—二郎庙一带紫金石矿石总资源量约为$7\times10^4m^3$，米山一带约$2.3\times10^4m^3$。由于矿层上覆巨厚地层，露天可采资源量仅限于沿山腰的露头部位和地表浅部，不足矿区总资源量的10%。

炒米店组广泛分布于鲁西地区的淄博、潍坊、临沂、泰安、济南、莱芜等地，且普遍发育泥云质条纹、条带状灰岩，具备赋存紫金石观赏石资源的有利条件。

（八）天景石（尼山石）

1.概述

天景石最早见于曲阜城东尼山，而称为尼山石。尼山石最早在隋唐时代就已作为制砚良才而被采用，一直延续到清朝的乾隆年间。20世纪80年代，又发现于费县马庄镇天井汪村，取其谐音，称为天景石。之后又在临朐县石家河乡牛角山、傅家崖头、枣行、宝畔台、石瓮沟等地陆续发现了该石种。该石既可制砚，又可用于制作观赏石。

2.鉴赏特征

天景石石质细腻，湿润似玉，硬度中低，抛光性好，适于雕磨。石体呈土黄色、天蓝色、蛋青色、暗紫色等多色相间，多种色彩构成层次分明的层纹；天景石适于加工和雕琢，利用其多层次的天然色调，雕琢成的工艺石，如喜鹊、梅花、乌龟等，玲珑精巧、栩栩如生，很受大众欢迎（图4-71）。天景石已被山东省观赏石协会评定为山东八大著名观赏石石种之一。

图4-71 天景石（费县天景汪村）

3.岩石特征

天景石岩石学名称为暗紫色、紫红色、土黄色、蛋青色等杂色纹层状粉砂质微晶灰岩，呈微晶结构，纹层状构造，主要矿物成分以微晶方解石、亮晶方解石（60%~70%）为主，其次为砂岩（15%~25%）、绢云母（2%~3%）、黑云母（1%~2%）和氧化铁质物（2%~3%），摩氏硬度为4.4，密度为2.66g/cm^3。天景石的化学成分主要为CaO（43%）和CO_2（36%），其次为SiO_2（10%）、Al_2O_3（4%）、Fe_2O_3（3%），少量的MgO、K_2O、MnO、Na_2O等。岩石中因含铁、锰氧化物及有机物质，色彩丰富而有层次变化。基色以灰黑色、古绢黄色、天蓝色至白色为主，且层次分明，为观赏石制作提供了先天条件（图4-72）。

图4-72　天景石原石（费县）

4. 产地及赋存特征

天景石典型产地位于费县马庄镇天井汪村南沟谷两侧，沿沟谷东侧呈北东—南西向不等距分布6处天景石矿洞，矿洞深浅不一，最深者达200~300m，矿区范围呈不规则状北东—南西向展布，出露长度约400m，面积约10000m^2。含矿层产状140°~150°∠5°~12°。天景石典型产地除原发现地费县天景汪村外，还有曲阜尼山及临朐县石家河乡的牛角山、傅家崖头、枣行、宝畔台、石翁沟等地。

天景石赋存于寒武系长清群馒头组下页岩段底部，含矿岩系为紫红色含云母片粉砂岩和页岩夹土黄色、灰绿色、灰蓝色、暗紫色等杂色泥云岩，厚约30m。其底板为馒头组石店段中层泥灰岩，顶板为馒头组下页岩段紫红色粉砂岩夹中薄层砂岩。

天景石矿层呈薄层状产出，单层厚一般5~20cm，延伸较稳定，产状与含矿地层产状一致。在含矿岩系中共含有天景石矿层2~3层，总厚度约50cm左右。

5. 原岩形成时代及天景石成因

天景石含矿岩系的形成时代为早寒武世晚期（距今约5.2亿年），是滨海潮坪相海水进退频繁环境下云泥质沉积物。紫红色、暗紫色、土黄色纹层为浅水氧化环境下泥云质沉积，灰绿色、蛋青色、天蓝色则是相对较深水体状态下的云泥质沉积，后经压固成岩而成为杂色纹层状泥云岩，即天景石。

6.资源潜力及开发前景

赋存天景石的寒武系长清群馒头组下页岩段，广泛分布在鲁西地区的长清、莱芜、临朐、费县、平邑、曲阜等地。典型产地有费县天井汪、曲阜尼山、临朐牛角山等，矿层一般同时发育2~3层，单层厚一般5~20cm，总厚度约50cm左右；层位比较稳定。

（九）枣花石

1.概述

枣花石是因在灰青色的岩石质底上常呈现出酷似枣花、梅花、水草一类的褐黄色花纹图案，而被形象地称之为枣花石。

枣花石岩石为青灰色或褐黄色云泥质灰岩或泥灰岩，其赋存层位主要为寒武系长清群馒头组石店段上部；该赋矿层比较稳定，广泛分布于鲁西寒武系地层出露区，尤以济南、莱芜、潍坊、淄博、临沂及枣庄等地资源更为丰富。

2.鉴赏特征

枣花石质地细腻，光洁润滑，基底为灰色至青灰色，图案花纹为土黄色至黄褐色，硬度中低，加工性能优良，最适于加工成各种形态的石屏摆件。枣花石的观赏价值在于其展现的图案和花纹清晰、完整，形象逼真、生动，意境美妙。纵观枣花石之艺术风格，如树则葱郁，如蒿则茂密，似花则烂漫，似泉则喷涌，喻秋以萧萧，喻春意盎然，寄情于境，意味悠远（图4–73）。

图4–73　枣花石（临朐宝畔台）

3.岩石特征

枣花石岩石学名称为黄褐色含不规则斑点、条纹的微晶或粉晶白云岩，呈微晶—粉晶结构，斑点状、斑花状和细条纹状构造，主要矿物成分以粉晶、微晶白云石（85%~95%）为主，其次为少量方解石（2%~5%）、石英、绢云母和氧化铁质物，摩氏硬度为4.4，密度为2.66g/cm^3。云泥质斑点、花斑和条纹呈土黄色或黄褐色组成枣花；微晶云泥质灰岩呈青灰色或黄灰色，构成背景。枣花石的化学成分主要为CaO（22%~26%）、MgO（16%~17%）、SiO_2（12%~18%）和CO_2（36%~41%），其次为Al_2O_3（1%~4%）、Fe_2O_3（2%~3%），少量的K_2O、MnO、Na_2O等。

4.产地及地质特征

枣花石分布范围较广，在临朐县石家河乡牛角山—付家崖头一带和石家河乡宝畔台—石翁沟、水桶峪一带均有产出。以牛角山枣花石质量最好，开采规模最大，矿层沿走向断续延伸约2km，推测矿层沿倾向延宽200m，矿区面积约0.4km^2。宝畔台枣花石产地矿层沿走向断续延伸约6km，推测矿层沿倾向延宽200m，矿区面积约1.2km^2。

枣花石赋存于寒武系馒头组石店段顶部，含矿岩系为黄绿色、青灰色薄至中层微晶白云岩，厚约5m。其顶板岩石为馒头组下页岩段紫红色微薄层含云母片粉砂岩、页岩，底板岩石为薄至微薄层黄褐色泥灰岩、白云质灰岩和钙质泥岩等。含矿岩系地层产状340° ∠10°（图4-74，图4-75）。

图4-74　枣花石赋存地层（临朐宝畔台）

图4-75 枣花石原石

枣花石矿层产于含矿岩系底部，为含云泥质斑点、斑花和条纹的青灰色、黄灰色云泥质灰岩。矿层一般只有1层，厚约30cm。矿层沿走向和倾向延伸较稳定，产状与地层产状一致。在整个含矿岩系中，含矿系数约6%。

5.原岩形成时代及枣花石成因

枣花石含矿岩系形成于距今约5亿年前的早寒武世晚期，当时由于海水进退变化频繁，滨浅海交替出现，形成了一套以紫灰色砂页岩为主夹中层泥灰岩沉积建造。由于后期水体较浅，陆地淡水的注入，滨海水体浓度较低，下渗的低浓度海水或地表淡水，沿前期沉积且固结或弱固结岩层裂隙和微裂隙穿透泥灰质岩层，将泥灰质层中的钙质成分溶解或带走，使泥质或铁泥质相对富集，同时发生白云岩化，从而形成云泥质斑点、斑花或裂隙状条纹，即形成了现在看到的枣花石。

6.资源潜力及开发前景

赋存枣花石的寒武系长清群馒头组下页岩段，广泛分布在鲁西地区的长清、莱芜、临朐、费县、平邑、曲阜等地。典型产地为费县天井汪、曲阜尼山、临朐牛角山等，该矿层一般只有1层，单层厚度一般为30cm，层位比较稳定。估算牛角山—付家崖头和宝畔台—石翁沟一带，枣花石矿石的总资源量约$40 \times 10^4 m^3$。

（十）薛南山石

1.概述

薛南山石因石材产于兰陵县矿坑镇薛南村而得名，用其制成的砚台称“薛南山砚”或“薛南山石砚”。

据《临沂县志》载：“薛南山产石，皆天成砚材。若马蹄，若龟壳，四周若竹节状。小者尤佳。”薛南山石色泽柔和、沉绿，有彩纹如尘、时隐时现，质地细腻，温润如玉，硬度适中，坚而不载金碳，研墨无声，发墨有光。

2.鉴赏特征

薛南山石多为深绿色，纹彩若隐若现，色泽柔和，映日有贝光，硬度适中，质地温润，磨墨无声，发墨而不滞笔；周边经长年风化，呈竹节状石乳纹，其纹多垂直，显现于石侧中部，腹背较平，磨去风化层即成完整的砚坯，周边无须加工，为天成砚材。

3.岩石特征

薛南山石岩石学名称为灰色透镜状细晶灰岩夹微晶灰岩，具粒屑结构，透镜状构造，微晶灰岩部分主要矿物成分以微晶方解石为主（95%~97%），少量的生物碎屑（2%~3%）和氧化铁质物（1%~2%）。微晶灰岩两侧为细晶灰岩，细晶灰岩部分主要矿物成分以细晶、粉晶、粗晶、微晶方解石为主（95%~97%），少量的生物碎屑和氧化铁质物。微晶灰岩作为透镜体内的夹层出现，常呈石乳状、纵横交错和垂直、变幻无穷的石纹（图4-76，图4-77）。薛南山石的化学成分主要为CaO（45%）和CO_2（37%），其次为SiO_2（12%）、Al_2O_3（2%）和Fe_2O_3（1%），少量的FeO、MgO、K_2O、Na_2O等。

图4-76　薛南山石交界处薄片特征（兰陵薛南村）

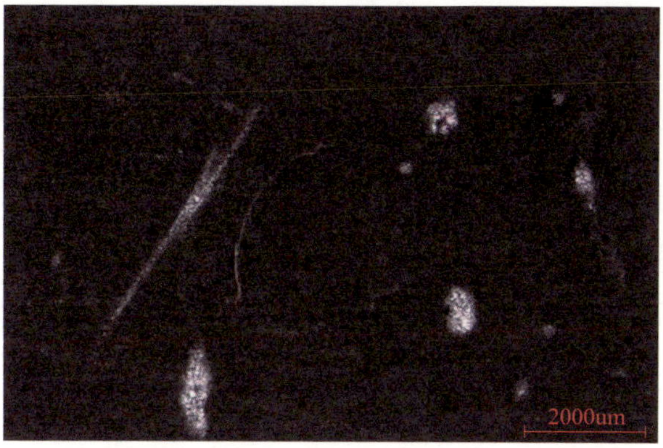

图4-77　薛南山石微晶灰岩部分薄片特征（兰陵薛南村）

4.产地及地质特征

薛南石产于兰陵县矿坑镇薛南村，在村东部出露，含矿层呈近南北向展布，南北长约1km，宽30~60m，含矿岩系地层产状85°~95°∠5°~8°（图4-78，图4-79）。

图4-78　薛南山石赋存地层（兰陵薛南村）

图4-79　薛南山石原石（兰陵薛南村）

薛南山石赋存于寒武系九龙群张夏组盘车沟组底部，含矿岩系为黄绿色页岩夹灰色透镜状微晶灰岩。其下伏地层为张夏组下灰岩段厚层鲕粒灰岩，上覆地层为张夏组盘车沟段黄绿色、暗绿色页岩。薛南山石单层呈透镜状赋存于矿化层中，矿层沿走向和倾向延伸较稳定，产状与地层产状一致。

含薛南山石的矿化层呈透镜状与黄绿色页岩不等厚互层，在2m厚的含矿岩系中，至少赋存矿化层3层，单层厚一般为1~5cm，个别可达8cm，其中微晶灰岩部分厚度一般为1~3cm。因受地表溶蚀作用的影响，微晶灰岩部分多具自然溶蚀边。

5.原岩形成时代及成因

薛南山石赋存于寒武系张夏组地层，形成时代距今约4.97亿年。当时的沉积环境为台地边缘礁相带与台地边缘斜坡相交替，台地边缘礁相带海水较浅，能量较高，藻类发育，形成厚层的鲕粒灰岩、藻灰岩等；台地边缘斜坡相海水较深，水动力较弱且宁净，水体中的碳酸钙在适当的环境条件下沉淀，夹杂在沉积软泥中，成为页岩中的微晶灰岩夹层或透镜体，成岩后经地质构造运动、出露近地表、受到溶蚀作用的影响，微晶灰岩部分形成饼状、透镜体状，周边常见细碎石乳状天然纹饰，成为具观赏价值的薛南山石。

6.资源潜力及开发前景

薛南山石赋存于寒武系九龙群张夏组盘车沟段底部，盘车沟段地层主要分布在章丘—泰安—平邑—兰陵以西的鲁西地区，范围较广，具有寻找资源的良好前景。

（十一）旋花石

1.概述

旋花石因岩石中花纹呈盘旋状缭绕而得名。

旋花石的岩石名称为厚层状白云质微、泥晶灰岩或灰质白云岩。该岩石具杂色微细水平层理，或具波纹状细层理；由于这种层纹极其细密，在横切面上看起来是相互平行或近于平行，但当岩石体经风化或人工切磨后，在凹凸不平的表面上，这些层纹就会呈现出波浪状、同心圆状、同心的菊花状、旋花状等，呈现出各种各样的图案，其色彩、纹理赏心悦目，成为极好的观赏品。

2.鉴赏特征

旋花石质地为灰色、灰红色或淡红白色，纹层则为暗红色、猪肝紫色，呈旋卷状、同心圆状、不规则波纹状嵌布于基底之中，千姿百态，形成朵朵“旋花”（图4–80）。

图4–80　旋花石原石（临朐三阳山）

旋花石的石质特征和艺术观赏性能均与红丝石极为相似。唯其质地不如红丝石致密细腻、鲜亮润滑，色泽较干涩。其硬度中低（摩氏硬度为3~4），具有很好的加工性能，适于加工成砚台、花瓶、笔筒、茶具、镇纸、印章等工艺品，花纹丰富，不仅具有很好的观赏价值，还有很高的实用价值。

3.岩石特征

旋花石岩性为具微细纹理含泥铁质微晶—粉晶白云岩，矿物组成主要为白云石，其次为铁泥质物，含极少量的方解石。岩石呈微晶至粉晶结构，旋纹层状构造，纹层宽一般为0.02~0.5mm。浅色的基底由微粉晶白云石组成，暗红色、紫红色的纹层由铁泥质物和微粉晶白云石组成。

4.产地及地质特征

旋花石产出地质层位与红丝石相同，赋存于奥陶系马家沟群北庵庄组底部。含矿岩系为灰白色、灰褐色、灰红色或淡红色中—薄层白云岩、泥质白云岩和铁质白云岩等，其顶底板岩石为北庵庄组青灰色巨厚层泥晶灰岩。含矿岩系地层倾向北东，倾角10°~20°。北庵庄组分布于鲁西地区，具备旋花石赋存的有利条件，旋花石典型产地为临朐县冶源镇三阳山，旋花石体呈不规则状北东向展布，具旋卷状弯曲微细纹理的含褐铁质白云岩，夹于含矿岩系的底部；岩层单层厚2~70cm，大多数厚4~20cm，共3~5层，总厚度1~2m；延伸不稳定，时常间断，相变成没有旋花的白云岩或泥质白云岩（图4-81）。

图4-81　旋花石赋存地层（临朐三阳山）

5.原岩形成时代及旋花石成因

旋花石的形成时代和生成机理与红丝石一样，只是生成岩石的红色纹层中褐铁质含量比红丝石高，岩石的结晶粒度比红丝石粗，而且不均匀，红丝石的结晶粒度为微晶级，而旋花石的矿物粒度则为微晶—粉晶混合级，矿物成分以白云石为主，这大概就是旋花石不如红丝石润泽的主要原因。

旋花石的形成时代为中奥陶世早期的浅海潮坪相环境，明显受控于局部的微观环境改变。微环境的交替规律性改变，导致沉积物中铁泥质纹层的反复叠置，在固结成岩过程中塑性变形，形成了各式各样的微细层纹状构造，这些层纹在垂直层理面上互相平行密集分布，而当岩石体风化或人工切磨后，在各个凹凸不平的岩石表面上，则显示旋纹、旋花构造纹理，成为后人观赏的佳品。

6.资源潜力及开发前景

在鲁西的青州、临朐、临沂、潍坊、淄博、泰安、济南、莱芜等有东黄山组和北庵庄组分布的地区，均具备红丝石资源赋存的有利条件，含矿层分布比较稳定，有必要开展地质调查。

第三节　生物化石类观赏石特征

山东省古生物化石资源比较丰富，种属繁多；著名的有寒武纪三叶虫、白垩纪恐龙、新近纪山旺生物群等，其中每个生物种属的代表性古生物化石除具有重要的科学研究价值以外，还具有特殊的观赏价值。由于古生物化石受《古生物化石保护条例》（中华人民共和国国务院令 第580号，2010年）约束，不得随意采集、收藏、移动，所以不能笼统地将古生物化石全部列为观赏石种。这里只将山东省内部分古生物化石作为一类观赏石石种列于以下，以窥一斑。

一、燕子石

（一）概述

燕子石是三叶虫化石的俗称。三叶虫身体扁平，背侧披以坚固的甲壳，腹侧有腹膜和附肢。背甲被两条背沟纵分为一个轴叶和两个肋叶，自前而后又横分为头甲、胸甲和尾甲三部分，故名三叶虫。作为观赏石的燕子石指分布有三叶虫化石的石灰岩石板（块），因三叶虫化石尾形如飞翔的燕子、蝙蝠，故称其为燕子石或蝙蝠石（图4–82）。

（二）鉴赏特征

出现在寒武系地层中的三叶虫虫体大部分破碎，被保存在岩石中的多为较为完整的三叶虫尾部。完整的三叶虫个体呈椭圆状，形体十分完美，头部像古代传说中的龙头，身、尾皆似鱼形，故亦称“鱼龙”。

燕子石石质细腻坚韧，光泽温润，沉透如玉，抚之如凝脂，结构紧密而不易破碎，易于加工。因此，燕子石不但是研究古生物学的珍贵资料，也是一种独特的观赏石和工艺料石，可用其制作砚台、镇纸、笔架、印泥盒等文房诸宝，以及屏风、花瓶、扇面等工艺装饰品（图4–83，图4–84）。

(a)

(b)

图4-82　三叶虫（燕子石、蝙蝠石）化石标本
左侧标本采自长清崮山，右侧标本采自莱芜九龙山

燕子石象征着吉祥、幸运和富贵，是山东省古老的观赏石种，汉代就作为赏石艺术品。早在1600年前晋代郭璞注释《尔雅》中就有“蝙蝠又名识墨”的词句，述说齐人（指古代淄博一带居民）以此石制成“识墨砚”。在明、清年间更有以燕子石制砚的记载。王渔洋《池北偶谈》记载邹平张尚书在崇祯间“游泰山，宿大汶口，偶行至汶水滨，水中得石，作多蝠（福）砚。”乾隆年间的《西清砚谱》中收录蝙蝠砚数方。

（三）岩石特征

作为燕子石载体的岩石主要为深灰色薄层状含生物碎屑微晶灰岩，呈黄绿色、青灰色及深灰色；粒屑结构，薄层状构造；主要矿物成分为微晶方解石，其次为生物碎屑，少量泥质和氧化铁质物等；岩石化学成分主要是$CaCO_3$，易于溶蚀；岩石摩氏硬度为3~4，石质比较均匀，易于雕琢成型。

三叶虫赋存在寒武系九龙群崮山组，岩性以黄绿色—灰白色薄层泥质灰岩、瘤状灰岩及泥灰岩为主，多富集于岩层面之上，主要化石有蝙蝠虫、蝴蝶虫、山东虫、叉刺头虫等属种。各类三叶虫大多以头、尾分开呈碎片的形式保存为化石，完整者罕见。

（四）产地及地质特征

三叶虫是节肢动物门中已灭绝的一个纲，全为海生，营底栖爬移或飘游生活，是寒武系地层中最丰富的化石类型，是地层划分对比的重要依据。三叶虫最早出现于早寒武世，灭绝于二叠纪，是古生代的常见生物，尤其寒武纪最为繁盛。由于寒武系地层在山东省广泛发育，因此三叶虫化石在山东省内分布广泛。燕子石见于鲁西山区，在长清、泰安大汶口、莱芜、沂源、临朐、费县等地都有分布。燕子石赋存的主要层位是寒武—奥陶系九龙群崮山组，分布地域较广，在鲁西地区凡有崮山组出露的区域，几乎都有燕子石的分布，尤以莱芜九龙山等地及长清崮山—馒头山一带的燕子石享有盛名。

(a)

(b)

图4-83　燕子石（三叶虫、蝙蝠石）制作的工艺品（莱芜圣井）

(a)

(b)

图4-84　燕子石（莱芜九龙山）

莱芜三叶虫主要赋存于寒武系馒头组、张夏组、崮山组及炒米店组地层中，在灰岩层中尤为富集。三叶虫化石目前可分为7个目和107个科，广泛分布于莱芜市圣井—颜庄一带以及鹿野—上游北—茶业口和羊里镇泉子沟—口镇秃尼子山—苗山镇西见马—常庄东峪村一带。张夏组下灰岩段底部的含海绿石的鲕粒灰岩，厚度17m左右；张夏组下灰岩段下部含泥质团块灰岩，厚度只有2~3m，燕子石往往赋存于泥灰岩与鲕粒灰岩的接触面上；张夏组盘车沟页岩段的下部为黄绿色页岩夹薄层或透镜状生物碎屑灰岩，化石多赋存于灰岩中，厚度50多米，三叶虫个体较小，一般不到3mm；崮山组的顶部和炒米店组的底部鲕粒灰岩和薄层泥晶灰岩，厚20余米，其中崮山组顶部薄层泥晶灰岩上层面三叶虫化石非常密集，属类也很多，该层燕子石是莱芜市开采的主要层位。

济南长清地区三叶虫特征明显、典型，易于鉴定，可划分出21个三叶虫化石带，赋存于朱砂洞组丁家庄段至馒头组石店段薄层泥云岩及生物碎屑灰岩，馒头组下页岩段下部灰色中薄层透镜状生物碎屑鲕粒灰岩，馒头组下页岩段中下部暗紫色粉砂质页岩、砂屑灰岩及生物碎屑灰岩，馒头组下页岩段中上部至上页岩段中下部所夹的灰岩透镜体，馒头组上页岩段中部薄层的砂质鲕粒灰岩、砂屑灰岩，馒头组上页岩段上部紫色页岩、钙质砂岩及中厚层生物碎屑灰岩，馒头组上页岩段顶部厚层泥晶—亮晶含海绿石砂屑鲕粒灰岩，张夏组下灰岩段底部和馒头组上页岩段顶部暗紫色、灰绿色页岩，张夏组下灰岩段底部中薄层海绿石生物碎屑鲕粒灰岩，张夏组下灰岩段中部藻凝块鲕粒灰岩，张夏组上灰岩段下部中厚层含生物碎屑藻凝块灰岩，张夏组上灰岩段中部厚层云斑—条带藻凝块灰岩、生物碎屑灰岩，张夏组上灰岩段顶部灰色厚层泥晶—亮晶含生物碎屑藻屑灰岩，崮山组中下部黄绿色页岩、瘤状泥质灰岩，崮山组中部瘤状泥质灰岩、生物碎屑灰岩、鲕粒灰岩，崮山组顶部薄层泥晶灰岩及中薄层生物碎屑灰岩，崮山组顶部及炒米店组底部泥晶灰岩、藻灰岩、鲕粒灰岩，炒米店组藻灰岩、鲕粒灰岩，炒米店组中下部生物碎屑灰岩，炒米店的中上部云斑灰岩、云斑泥晶灰岩、藻灰岩和鲕粒灰岩，炒米店组的上部虫迹灰岩、云斑灰岩中。

临朐燕子石产于冶源、寺头和五井等地，典型产地位于冶源镇白塔一带，赋存于寒武系九龙群崮山组地层。其岩性以黄绿色—灰白色泥质灰岩、薄层疙瘩状灰岩和页岩为主，含矿岩系厚度5~60m；三叶虫化石有3~6种，大小一般为1~3cm，小者不足6mm，虫体胸部、头部和尾部大部分破碎。

费县燕子石产于马庄镇一带，产出于崮山组二段中薄层砂屑灰岩或泥晶灰岩的层面上，共5个化石层位；其中以中上部两层化石量最多，完整率最高，赋存岩性为泥质灰岩，单层厚度1~2cm，硬度3~4级，易雕刻，便于开采。

（五）原岩形成时代及成因

燕子石主要生活于距今5亿年左右的晚寒武世，为浮游生物。岩层沉积时，气候条件温暖，节肢动物三叶虫大量繁殖。三叶虫死后遗体埋入海底泥沙之中，随地壳的变迁，经过矿物填充和交代作用，其外骨骼—几丁质甲壳便形成化石。

（六）资源潜力及开发前景

山东燕子石见于鲁西山区，在长清、泰安大汶口、莱芜、沂源、临朐、费县等地都有分布。燕子石赋存的主要层位是寒武—奥陶系九龙群崮山组，分布地域较广，在鲁西地区凡有崮山组出露的区域，几乎都有燕子石的分布。

二、宝塔石

（一）概述

宝塔石是一种呈直长圆锥状、形似小宝塔的动物化石，故民间称为宝塔石，也有称为竹笋石，学名为珠角石（在南方扬子地台为直角石），头足纲、鹦鹉螺亚纲化石。其个体大小悬殊，小者长不足20cm，大者可达1m以上；多产于奥陶系地层中，在鲁中山区的淄博、长清、历城、莱芜、临沂等地奥陶系马家沟群中都有发现。这类过去在中国北方华北地台内所定的奥陶系中的珠角石，现多已改称阿门角石或链角石（图4-85，图4-86）。

图4-85　宝塔石（珠角石化石）（章丘朱家峪）

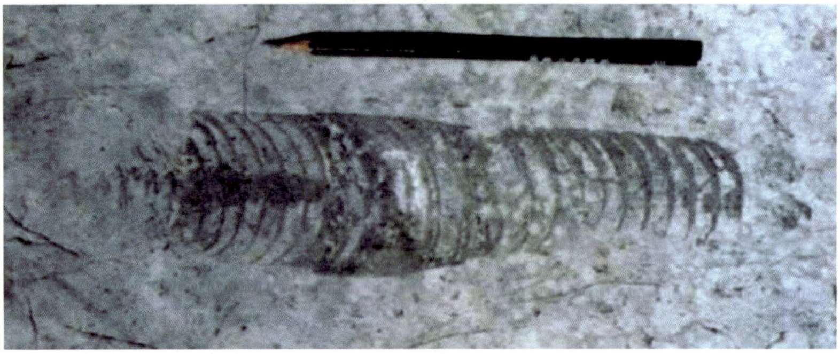

(a)

(b)

图4-86　宝塔石（珠角石化石）（淄川洪山）

（二）鉴赏特征

宝塔石为古生物化石，外形呈圆锥形，一头尖，另一头宽，表面发育有节、竖纹等，将它倒置犹如一座宝塔，其石面有二三十节环状圈纹突起，亦似竹笋，横向切面则似一幅太极图；角石经过切磨后更突显图形景致，增加观赏性。

（三）岩石特征

赋存宝塔石（角石）的层位为奥陶系马家沟群，主要发育在该群的北庵庄组、五阳山组和八陡组；这3个组的主要岩性有灰色及深灰色厚层云斑泥晶灰岩、含生屑泥晶灰岩等；宝塔石（角石）主要赋存在灰色厚层云斑泥晶灰岩中。宝塔石（角石）发育在岩石层面或斜卧在岩层（斜切层面）内，由于角石有较硬的外壳，因此个体一般保存完整，小头朝下，大头朝上，将其翻转过来恰似座宝塔。

发育在鲁西地区的宝塔石的载体为奥陶系马家沟群石灰岩，呈灰色，块状及层状，硬度3~4；主要化学成分为$CaCO_3$，遇酸易溶蚀。

（四）产地及地质特征

奥陶纪时期，山东陆块处在华北板块内，其古生态环境与扬子板块不同，龟裂纹灰岩不发育，角石动物群面貌不同，以阿门角石、直角石、鄂尔多斯角石等为主，分布在济南、淄博、潍坊、泰安等地。

莱芜宝塔石主要赋存于奥陶系马家沟群五阳山组和北庵庄组生物碎屑灰岩中，主要分布在钢城区小上峪、颜庄镇张家岭和苗山镇上佛羊村等地。

历城和长清宝塔石赋存于五阳山组下部中厚层泥晶灰岩中，带内化石丰富，在岩石风化面极易识别。

淄博博山地区宝塔石赋存于北庵庄组上部浅灰色厚层微晶灰岩和马家沟群五阳山组生物碎屑灰岩中。

（五）原岩形成时代及成因

奥陶纪是角石类动物极度繁盛的时期，角石为软体动物头足纲的一属，生活在大约4.5亿年前的大海中。其有坚硬的圆锥形外壳，壳体表面有波状横纹，壳内有很多横板，壳长可达2m以上，多数为几十厘米至1m。三叶虫死后遗体埋入海底泥沙之中，以后随地壳的变迁，经过矿物填充和交代作用，即形成化石。

（六）资源潜力及开发前景

宝塔石在鲁中山区的淄博、长清、历城、莱芜、临沂等地奥陶系马家沟群地层中都有发现，资源比较丰富。

第五章　山东省沉积岩型观赏石资源鉴赏

随着社会的不断发展与进步，观赏石的鉴赏标准也发生变化，在原来的“瘦、漏、透、皱、丑”基础上又增加了“质、形、色、纹、韵”，观赏石的鉴赏水准、意境等诸多方面有了很大程度的提高。

“瘦”：石体纤细挺拔，露骨裸筋，形瘦神满，不臃肿。

“漏”：石体上洞下孔，孔洞相穿，连环通透，可行烟走水。

“透”：石体前后、左右多孔多洞，孔洞相穿相透。

“皱”：从外观感觉不光滑，石体表层凹凸不平，条带相间，纹理如叠。

“丑”：指其独特奇怪，与众不同，无规则，潜藏着意料之外的美。

“质”：表示质地、石质，主要指观赏石的硬度、润度和细度，有时也考虑到观赏石的声音。硬度要求硬度适当，坚硬致密，显得光洁可爱，光泽感也强。石质过软，质地疏松多孔，易损；石质过硬，易脆易崩。润度要求质地细腻，如膏如脂，线条圆润，手感良好，以手感润滑为佳。细度要求结构细致，以石肤细腻（晶体颗粒肉眼不可见）为佳。若石质结晶粗大，各个晶面对光线的漫反射，使人感到不洁净，不易表现出较好的色和纹。

“形”：即形态，指观赏石的天然形状、天然外形及轮廓构图。一般要求形态完好，保存完整，造型或奇特优美或端庄典雅，长宽比例适当，石形饱满，不要有太大的凹凸起伏。

“色”：指观赏石的颜色、光泽和透明度。一般要求石面干净，纯而不杂，色泽单一；如多色则要求总体柔顺协调，石体不同部位的颜色、色调反差适度。

“纹”：即纹理，指观赏石显现的图案、花纹或纹理。岩石纹理是成岩时期形成的衍生构造纹和褶皱纹理，也有岩石后期受矿液浸染及交代等作用形成的构造纹理，以及含致色元素的矿物沿基岩裂隙的浸染花纹。一般要求主题突出，对比强烈，色差大，线条清晰（没有杂纹），比例协调，布局合理，纹理自然流畅、曲折变化与整体造型相匹配。

“韵”：指鉴赏者透过“质、形、色、纹”对石体的认知或感悟，甚至是顿悟或灵感。韵指观赏石内在的精神和气质，是观赏石内涵的精确反映，要求形意生动，寓意深刻、含蓄并耐回味，文化内涵丰富，给人以艺术感染力。韵是观赏石的灵魂和生命，一块神韵缺乏的观赏石是没有生命力的。

第一节　观赏石鉴评标准

2007年9月14日，原国土资源部颁布了《观赏石鉴评标准》（DZ/T 0224—2007）；《观赏石鉴评》（GB/T 31390—2015）已于2015年7月1日正式实施。

一、鉴评要素

（一）自然要素

1.形态

指观赏石的几何尺寸、外部形态，鉴评中重点考虑形态奇特、形象逼真、寓意深刻及石体的完整程度等。

2.质地

指观赏石的致密程度，矿物的颗粒大小，石体的润、涩感觉，以及石肤是否存在等。

3.色泽

指观赏石的颜色、光泽和透明度。观赏石的颜色有单色和杂色之分，单色主要考虑色度和饱和度；杂色则考虑反差与协调性。

4.纹理

指观赏石显现的图案、花纹或文字，主要有色彩纹、凹凸纹和裂隙纹三种形式；依据成因又可分为原生纹理和次生纹理。

（二）人文要素

1.蕴意

指鉴赏者透过形态、质地、纹理和色泽四要素对石体的认知或感悟，蕴意的产生是情感与石体高度融合的一种赏石境界。

2.命题

指观赏石的题铭、题画以及赋文等艺术创作。命题要贴切生动、言简意赅、寓意深刻，并具有较强的艺术性和丰富的文化内涵。

3.配座

指由木质、石质、紫陶、陶瓷等材料制作的配座、落嵌、沙盘及其他配饰。鉴评中重点考虑与石体是否协调，以及因石适材、工艺精湛等。

4.传承

指观赏石收藏、易手的沿革过程，鉴评中主要考虑历史传承是否有序并有据可查。

二、权重分配

（一）岩石类观赏石的权重

岩石类观赏石的自然要素与人文要素的权重分配比例为6∶4，同一要素在不同亚类观赏石中的权重也有所差异（表5-1）。

（二）生物化石类观赏石的权重

非岩石类观赏石的鉴评要素和指标均有所不同，自然要素与人文要素的权重按8∶2比例分配（表5-2）。

（三）传承项的权重

20世纪初期以前古石的传承一项可根据具体人物，事件及其历史价值而定；在此之后的观赏石，传承一项的权重仅作为附加项来处理。

三、鉴评指标

（1）岩石类观赏石鉴评指标。

岩石类观赏石的鉴评要点及鉴评指标（权重）如表5-1所示。

表5-1　岩石类观赏石鉴评要点及权重分配表

类别	鉴评要素		鉴评要点	权重/%
造型石	自然要素	形态	石体完整，造型奇特优美、端庄典雅；形象逼真、虚幻	30
		质地	石体致密、细腻，石肤好，差异风化强	10
		色泽	总体柔顺协调，石体不同部位的颜色、色调反差适度	10
		纹理	纹理自然流畅、曲折变化与整体造型相匹配	10
	人文要素	蕴意	形象生动，寓意深刻、含蓄并耐回味，文化内涵丰厚	15
		命题	立意新颖、贴切生动，具有较强艺术性和丰富的文化内涵	10
		配座	造型典雅并烘托主题；因石适材、工艺精湛	15
		传承	历史易手、沿革有序并有据可查	
图纹石	自然要素	形态	石体端庄且与画面协调，石面完整、无瑕疵	15
		质地	石质致密，石肤细腻、表面光洁无破损；切磨石应加工精细	10
		色泽	色彩丰富、层次分明、浓淡有致	10
		纹理	构图方式多元、刻画细致入微；纹理曲折飘逸、静谧典雅	25
	人文要素	蕴意	情景交融，形神兼备，主题明确，蕴意深邃	20
		命题	立意新颖、贴切生动，典雅脱俗，富有文化内涵	10
		配座	构思巧妙、烘托主题；因石适材、工艺精湛	10
		传承	历史易手、沿革有序并有据可查	

（2）生物化石类观赏石鉴评指标。

生物化石类观赏石的鉴评要点及鉴评指标（权重）如表5-2所示。

四、等级划分

观赏石具体分级标准为：

特级：总计评分为91~100分；

一级：总计评分为81~90分；

二级：总计评分为71~80分；

三级：总计评分为61~70分。

表 5–2 生物化石类观赏石鉴评要点及权重分配表

鉴评要素		鉴评要点	权重 /%
自然要素	形态	形态完整、体量适度；天然围岩、石化程度高	20
	品种	品种稀缺、珍贵或组合奇特	30
	品相	单体形态生动、栩栩如生；组合整体协调，主体鲜明且特征明显	20
	修复	修工精细、原貌保存完好，无瑕疵、无作假	10
人文要素	标签	标注学名、产地明确、题名别致、标明传承	15
	配座	突出石体，富有创意	5

第二节 典型沉积岩型观赏石资源鉴赏

一、造型石类观赏石鉴赏

（一）齐鲁太湖石

齐鲁太湖石有以下特征：

“瘦”：形体骨架坚实，婀娜多姿，轮廓明了，棱角分明，具有迎风玉立之感。

“漏”：石体在起伏的曲线中，凹凸明显，似有洞穴，富有深意。

“透”：石体空灵剔透，玲珑可人，有大小不等的穿洞，能显示背景的无垠，令人遐想。

“皱”：石肌表面波浪起伏，凹凸不平，变化有致，有褶有曲，带有历尽沧桑的风霜感。

“质”：石面光洁圆润。

“形”：形状酷似人物、动物、物品、标志等，形体有大有小，天然成型，线条柔和，石表清润秀奇，坳坎变化，千姿百态，妙趣叠生。齐鲁太湖石大多形体雄伟粗壮，以中大型为主。

“色”：颜色以灰色为主，有的为灰白色或因含氧化铁较多而呈灰褐色，因常年受黄黏土浸渍，表面多结有黄色或赭黄色石痂。

“音”：有的太湖石无论是用木棒轻击，还是仅用手指轻叩，都可以发出优美的声音，且余韵悠长。

总体来说，齐鲁太湖石与南太湖石在形体特征和色泽变化等方面有所差异，少有南太湖石那样玲珑剔透之感，唯临朐县五井镇所产太湖石，“瘦、漏、透、皱”齐备，与南太湖相似（图5-1，图5-2）。

图5-1　龟石（齐鲁太湖石）

图5-2　若愚石（齐鲁太湖石）

龟石规格为176cm×85cm×350cm，重约8t。其形如龟，是元古代著名散曲家张养浩的故物。1977年4月15日将龟石由文庙移到趵突泉。此石体积硕大，干净通透，涡洞相连，周围青松笼罩，翠竹成林，繁花似锦，双龟交颈，似万年夫妻相拥青绿繁花之中，给人留下无限的美好遐想。

若愚石系偶园古物，现置于偶园内花园中。该石略成立方形，崚嶒突兀，窍穴遍布，有洞天数处，方中含圆，给人以大智若愚之感，故得名。

（二）博山文石

博山文石以富于变化的纹理著称，颜色以灰色为主，也有灰白、灰黑及黑色，另外也有红色。博山文石可分为象形石、山形石、玲珑石和园林风景石。

象形石形态各异，因石形似某物象，在似与不似之间，贵神似，忌雕琢，浑雅灵巧，自然天成，惟妙惟肖，栩栩如生；重立意，亦寓物象形，或寓于情景之中，借景言情，不入俗套，玩味无穷，心怡神赏，生意盎然（图5-3）。

(a)

(b)

图5-3　象形石

山形石，具象山形，最好四面可观赏，峰峦布局要参差不齐，皴皱丰富多变，山势浑雄宏大；可利用岩石纹理自然之状，外部轮廓具峰、峦、壑、涧、坡之势而富于变化；纹理依附山体自然脉络，切忌主观加工，无理堆砌，更不能任意增删和雕琢（图5-4）。

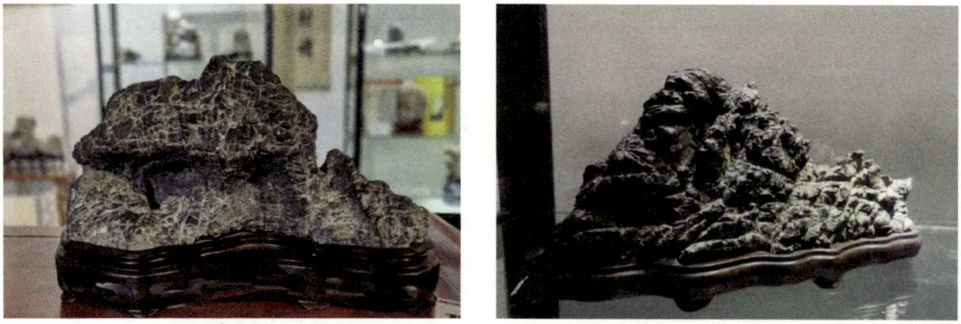

(a) (b)

图5-4 山形石

玲珑石必备“瘦、皱、漏、透”和“奇、拙、巧、丑”审美标准，形成孤峰独秀、叠嶂凝翠等艺术效果，给人以突兀挺秀，气骨峰棱，瘦劲苍奇，凝重如云之感(图5-5)。

(a) (b)

图5-5 玲珑石

园林风景石，是制作山石盆景、点缀园林、堆砌假山的上等材料。

淄博文石最主要的特点是纹理清晰，主要有千层纹、核桃纹、手指纹、荷叶纹、皱纹、裙折纹、水道纹、子弹洞、蘑菇云、红叶纹、黄金点等。

斧劈纹：石如刀劈斧削，纵砍斜斫，将整石斫削出若干缝隙峰棱；斫痕有深、浅、宽、窄之别，深者入里，浅者及表；宽者逾寸，窄者毫厘；以山形石居多，呈沟壑纵横、犬牙交错、峰崖骏险、怪石嶙峋之势。

折带纹：折者，断而不续；带者，宽于线缕之长条；折带肌呈不连续宽条状石肌，分层叠压堆砌而成的文石，有一层多层之分(图5-6)。

图5-6　折带纹

卷云纹：石面上有银白色或红褐色纹理聚而成片，大小形态不一；白色如朵朵白云，红色如丹霞彩云。

流水纹：深沉凝重的石面上悬垂着银白色纵向纹理，一条或多条不等。

核桃纹：纹理呈线浮雕立体状，凹凸有致，均匀密布，封裹着石体，因其酷似核桃皮状而得名。

鸟巢纹：系指银白色纹理纵横交错，疏密有致，巧妙地编织成鸟巢状，将石体包裹于其中。

芝麻纹：纹理凹凸呈芝麻粒状，均匀致密，覆盖于整个石体表面，尽显润泽秀美。

荷叶纹：石面上镶有椭圆形纹斑，边界较清晰，如荷叶飘浮于碧波荡漾的水面上。

披麻纹：系指大自然以中国画中的披麻皴法在石表面挥洒泼墨，描抹出石之纹理及阴阳明暗。

龟背纹：石面纹理呈多边形花格状，或凹凸、平描，展现龟背纹一样的艺术效果。

千层纹：千层即多层，横平叠加，层层而上。

蛇皮纹：石面纹斑呈鳞片状，酷似蛇皮斑纹而得名。

二、图纹石类观赏石鉴赏

山东省图纹石类观赏石的产地覆盖面很广，几乎遍及整个山东地域。由于各种观赏石的地质结构、形成原因，以及石材的化学成分，都存在着很大的差异，因而形成了各种不同的石理、纹彩和自然形态。这些不同石理、纹彩和自然形态是图纹石创作的前提条件，也是鉴别山东省图纹石类观赏石资源的重要因素，现分别介绍如下。

1.青州、临朐红丝石

青州红丝石呈紫红色刷丝纹，石质细嫩、极为难得。目前，唯有山东省博物馆所藏红丝石箕形砚，与青州红丝石的石质细嫩、刷丝纹非常密集的特点相合，较为可信。

临朐红丝石产于冶源老崖崮，石纹分红地黄丝和黄地红丝两种。其红地黄丝者，石质较嫩，结构细密，硬度为4度左右；贮水不耗，呵之有水珠现出，发墨状况良好，和黑山所产砚材不相上下。其黄地红丝者，纹理清晰，色艳不浮，结构细密，发墨状况与红地黄丝者相比稍逊，然仍不失为优质砚材；质地松软，易吸水，须浸水养数日，方可发墨；这种石材正是杜绾、米芾、李之彦所说“须饮水使足乃可用，不然燥渴。”此种石材可用作文房用品或其他工艺品，不可用作砚材；现在市面上有以此石制砚者，多封以腊，以欺世人，购者不可不察。

2.淄石的雪浪金星和虞望山的淄砚新品种

历史上有端石尚紫，淄石尚黑之说，米芾、陆游皆对其有过记载和品评，而洞子沟石明代即用于制砚，一直延续到现在。其石材多苍黑，细嫩者用之刻砚，北宋书法家唐彦猷评价为：“可与端歙相上下，色绀青者，歙石之左右。”宋人所载的金雀石产于金雀山，但时过名易，不知所出，其中带金星的淄石很少。高凤翰的雪浪金星砚，应属于洞子沟的优质砚材，上层多坚润，金星偶有出现，大小不一，映日泛光，带翠斑点。淄砚中带“瓦烁之象”的石材，选其致密者，仿刻瓦当汉砖，十分逼真。

金星石可见虫蚀边、金星、石彩纹理与子石。产于费县箕山的金星石，由于地质作用，经过水蚀形成了虫蚀边和子石。其虫蚀边，多为含金星矿物颗粒，经过氧化而形成，虫蚀孔大小不一，且无规律地残留在石表或石侧。其子石多是几千万年前的河床经过水流的冲击，再经过地下水的侵蚀而形成。金星石的金星中圆形占绝大多数，偶有方形、三角形和不等边形，大者如豆，小如微尘；圆形的金星还有晕层，中心有瞳子。由于金星硬于砚石的质地，所以一般在制砚时将其放在砚堂受墨处之外，实在不可避免则应尽量根据石材结构，或深或浅地刻挖砚堂，以使砚堂中金星降到最少点。

金星石中有的石面呈乳白色或微黄色的纹彩，质地与石材的质地相同，状如云雾，变幻莫测。

3.徐公石的自然形边饰、冰纹及纹理

徐公石形状方圆不等，千姿百态，每一块石材，不假雕饰皆成砚，所谓鲁砚中“天成砚”即指此石材，可以说徐公砚不论有多少方，都绝少雷同。其石材经过地下水的侵蚀，由于地质结构、地理位置等因素，自然形的边饰也不尽相同。《临沂县志》所记载的边生细碎石乳的砚材多产于徐公店村北的砚台沟老坑，自然形边饰多呈锯齿形细牙状；石质细嫩，抚之如童肤，温润如玉，发墨状况极佳。柴湖山等新坑的自然形纹饰多为较粗犷、规律，石质稍硬于砚台沟老坑石，石质、石理状况与老坑无异。

另外，还有一种尚未完全石化的石材，砚堂多用其已石化好的层面，其他未石化好、裸露石表的石皮，根据需要适当剔除和保留，若利用得好，可达到意想不到的效果。

徐公石的石色主要有褐色、蟹壳青、茶叶末、鳝鱼黄等，有的石材一石数色，十分绚丽。

徐公石的冰纹多有形无痕，有金银线夹杂其间，石材多出老坑，其他新坑偶有出现。这种砚材温润细嫩，发墨无声。

4.薛南山石的自然边饰和石彩纹理

由于地质作用的不同，砚石的发育形成与徐公石自然边饰有相同之处，又有不同之处，相同之处皆为地下水蚀形成。但自然边饰的外观效果却有很大差异，徐公石多细碎石乳状，而薛南山石多呈竹节状。薛南山石呈深绿色，有彩纹如微尘，有形无质，形成各式各样的形状。其纹彩与金星石和徐公石的纹彩的不同之处在于其含云母类的成分较多，映日有贝光发于深处。

5.龟石的环状纹理

龟石多为扁平椭圆形子石，石表有风化层，磕之脱落。其形成的原因为砚材经过河水的冲刷，相互撞击而形成的；大者直径15cm左右，小者如鸟卵，石色多为黄褐、天青、绛灰色，茄紫、赭红色较少。以龟石刻砚应考虑石彩的因

素，有时可能出现晕状的环形纹彩，这种环形纹彩的形成可能是河床经过几亿年的沉升，含有某些化学成分的地下水侵蚀、浸透而形成的；略硬于其他砚石，纹理不滑，纹彩由内向外层层晕染。

6.尼山石的松叶纹和豆青色砚材

尼山石多呈柑黄色，砚材多在石灰岩夹层中间，厚薄不一，大者十分难得。砚材磨平后，偶有松花状的黑色石纹出现，为假性化石，疏密不均。石质与鲁砚中的龟石、红丝石、徐公石等相比较软，硬度为3左右。另外，尼山石中除柑黄色外，还有一种呈豆青色的石材，是尼山石传统色彩以外的品种，纯正无杂色。以此种石材刻砚，创作思路和题材相对较宽，可采用线雕、浅浮雕等手法。

7.田横石子石

田横石多为苍黑色，砚石大多数为板材，砚材矿延伸入海，为水岩，须退潮时方可采集。水岩多温润，石质细嫩，偶有金星者，映日可见。田横石多为层状岩板，横凿易开，竖凿往往横开，一般多用机械切割，方能成形。田横石产地的海滩上，有许多田横石子石，可独自成砚，如巧用之，则可出现一种特殊的效果。经过长期的海浪冲击，石材在海浪冲击的作用力下，相互摩擦逐渐成天然子石状。

三、生物化石类观赏石鉴赏

作为观赏石的古生物化石，其形态、大小、结构或纹饰等生物特征必须清晰可辨，图案要较为完整美观，具有一定的观赏或收藏价值，评价标准可大致归结为“真、稀、奇、形、神、色、质、体”几个字。

“真”是指化石必须天然，这是首要标准，任何人工施为的赝品则毫无价值；“稀”即越稀少越珍贵，大量产出的价值则较低；“奇”则指化石的新奇、特别之处，如双鱼、群鱼化石以及其他完美无缺的生物个体等；“形”是指生物个体形象保存程度是否完整，形态造型是否逼真、栩栩如生；“神”为化石反映的意境是否耐人寻味，具有艺术魅力；“色”指化石主体颜色与围岩底色之间的色质搭配要得当，两者要有一定的对比差异；“质”是指化石的石化程度及成分，以坚实而稳定者（如硅质、钙质、铁质）为佳，松软易风化者容易使化石体崩解、散落、不易保存；“体”指化石标本的个体一般宜大小适中，适于收藏，过重、过大者是博物馆收藏的对象。

以上鉴赏评价原则，“真”是首要的前提，“形”和“神”是评审的精髓，是观赏价值之所在，而“稀、奇、色、质、体”则是补充和完善。

第六章　沉积岩型观赏石开发利用现状及保护开发

第一节　开发利用现状

一、开发历史悠久

山东对于沉积岩型观赏石的认识和开发历史悠久。据统计，自战国时期（《尚书·禹贡》）至二十世纪初期，古籍记载的山东观赏石多达二三十种。新中国成立以后，尤其是自改革开放以来，随着人们生活水平的提高和观赏石文化的迅速复苏，山东沉积岩型观赏石开发得到迅速发展，截至目前，已开发的品种达几十种。与此同时，近几年山东观赏石经销商及观赏石收藏者、爱好者编写、出版了一些有关观赏石（奇石）图册、图书，大大推动了山东观赏石开发，活跃了观赏石市场。

二、开发利用现状

（一）开发利用概况

山东目前开发量大的观赏石主要为造型石、图纹石、古生物化石（主要为燕子石）等类型，如费县太湖石、莱芜燕子石、青州红丝石、长清木鱼石等品种。山东大部分地市都有观赏石开发，主要在鲁西和鲁东地区，由于地质条件不同，开发的观赏石品种也有差异。鲁中南地区，由于一些地市地质条件相似，以及相互交流和启发，开发的观赏石品种也大体相似，品种较多。在济南、泰安、莱芜、临沂、枣庄、潍坊、青岛、烟台、日照、威海等地开设了观赏石（奇石）市场，展销活动比较活跃。目前开发比较强势的临朐县，开发本地的观赏石品种有十余种，如红丝石、旋花石、彩石、浪花石、枣花石、紫金石、太湖石、千层石、竹节石等。

（二）开发品种逐渐增多，新品种不断出现

随着观赏石爱好者的涌现和观赏石需求量的增加，只局限于原有少数观赏石品种是远远不够的，况且原有观赏石品种，或已湮没，或已资源枯竭。因此，寻找和发现新的观赏石品种就成为必然。据统计，全国观赏石品种已达千种以上，山东观赏石也在百种以上，如青州杨家庵的红丝石、临朐县的枣花石、费县的天景石、沂水姚店子镇土沟村的徐公石等，都是新发现的品种或新产地。随着调查研究的深入，将会有新的观赏石品种被发现，相应观赏石开发也逐渐形成热潮。开发规模宏大，成效显著的当属费县，以开发“费县石”（齐鲁太湖石）为主，兼顾其他石种。

（三）各类石馆层出不穷，爱石者队伍不断壮大

山东省内的石馆和观赏石爱好者主要集中于济南、临朐、费县、博山等地，观赏石石馆众多，如济南市境内的山东省地质博物馆、山东省博物馆、济南市博物馆、济南天然奇石馆、趵突泉奇石馆等。除国家和集体投资建设的石馆外，民间投资创办、建立的各种形式的藏石馆逐渐成为省内藏石界的生力军，如山东济南孔明奇石博物馆、枣庄市鲁南观赏石馆、山东青岛奇石博物馆、临朐县富华奇石馆、济南章丘奇石馆、栖霞市地质文化奇石博物馆、栖霞市地质文化奇石博物馆。

枣庄市鲁南观赏石馆始建于1994年，总占地面积7000m^2，分内展厅、院内景观。馆内共藏石2000余块，分象形石、纹理石、化石、纪念石、事件石等60余种，同时兼藏大量自然天成根雕。馆内所珍藏奇石“人寿年丰”灵性十足，为天成黑磬石，击之可发音韵，且具有“瘦、漏、透、皱”的特点，尤以“皱”为特，凹凸纹处各显现出“丰”“年”二字，寓意“人寿年丰”。诸如此

类奇石、根雕不胜枚举，该馆所展示的石文化，充分展现了中国传统历史、人文气息及中国古代文化的博大精深。建馆宗旨为弘扬我国赏石文化，普及地质知识，让越来越多的人热爱大自然，保护大自然，保护地球（图6–1）。

(a)

(b)

图6–1　鲁南观赏石馆（枣庄）

（四）观赏石市场不断发育，交易活动日趋活跃

山东省省会济南，以及重要产石地临朐、费县、淄博均建有规模不等的观赏石市场，尤其以临朐奇石市场和费县中华奇石城为省内最大的两个观赏石集散地，成为当地经济发展的亮点。山东省内观赏石经营者、爱好者，通过观赏石商店、观赏石展销会、观赏石经营企业及摆地摊等多种交易方式，把山东省所产观赏石介绍和推销出去，甚至于跨国、跨地区的交易活动。观赏石市场的日趋活跃，一方面推动了山东观赏石资源的开发利用；另一方面，也培养了相当数量的企业家和藏石家。

临朐县历史悠久，风光秀美，文化底蕴深厚，自西汉置县迄今2000余年，是全国文化模范县和著名的“小戏之乡”“书画之乡”“奇石之乡”。山东省临朐县奇石市场是江北最大的奇石批发零售交易场所。市场位于临朐县城龙泉路中段，占地$2.7\times10^4m^2$，投资750万元，现有营业楼面积$1.1\times10^4m^2$，钢架玻璃瓦大棚$1\times10^4m^2$，配套设施齐全；现有石馆138个，棚内固定摊位576个，同时能安排680个露天地摊；主营紫金石、红丝石、五彩石、龟石、木鱼石、燕子石等当地品种，经销皖、豫、桂、滇、鄂、川、青、新、藏、内蒙古、辽、吉、闽、浙、缅甸、越南、阿富汗、等国内外名石珍品，兼营根雕、书画、古玩、花卉、盆景、工艺品等，商品辐射到全国各地及日、韩、美等国家或地区（图6-2）。

(a)　(b)　(c)　(d)

图6-2　中国奇石城（临朐）

费县被誉为中国观赏石之乡费县中华奇石城是中国最大的观赏石基地。费县奇石林是我国矿藏面积大、数量多、造型奇的埋藏型地下石林，储量1200万吨以上，历经亿万年演化而成，集“形、雄、肥、秀、瘦、透、漏、皱”的特点于一身，是较为少见的自然资源，被专家誉为“世纪之交中国北方发现的伟大自然奇迹”。城北、员外、芍药、马庄等乡镇都有园林石产出，但以城北荣和庄一带的园林石最为上乘。费县园林石件件鬼斧神工，块块形神具备。景区以奇石文化、园林、娱乐为主线，集奇石展示、园林游赏、休闲娱乐、民俗文化为一体，实现商旅互动、实景交融，打造全国最大的奇石交易市场，山水相映、奇石相间的奇石休闲旅游度假区（图6-3）。

为了更好地保护、开发、利用园林石资源，费县已制定了园林石资源管理和综合开发方案，在沂蒙公路两侧建起了500多亩的费县奇石园，集中展示园林石各异的形态和风姿，供国内外游人观赏；针对个别地方无证开采园林石、不按规定采矿等违法行为，进行了专项治理，使园林石的开采、利用逐步走上健康有序的发展轨道。

(a) (b) (c) (d)

图6-3　中华奇石城（费县）

三、观赏石资源保护现状

（一）仅有少数受到保护，多数未保护

根据现场调查、市场调研，部分位于地质公园或风景名胜区、自然保护区内的沉积岩型观赏石石种，受到了不同程度的保护，如莱芜圣井设立燕子石地质遗迹禁采区，临朐老崖崮设立了红丝石禁采区（图6-4～图6-7）。然而，山东省内大多数沉积岩型观赏石石种处于自然开放的状态下，未受到任何形式的保护，亟待保护。

图6-4　燕子石地质遗迹禁采区（莱芜圣井）

图6-5　波纹石（长清馒头山）

图6-6　馒头山木鱼石产地（长清馒头山）

图6-7　红丝石产地封闭性保护（临朐老崖崮）

（二）成立各级观赏石协会

山东省观赏石协会和山东省鲁砚协会分别于2006年6月18日和2014年4月21日在泉城济南成立。山东省观赏石协会是经山东省民政厅批准，山东省自然资源厅为业务主管单位，由全省赏石爱好者、赏石家、企事业单位和广大石友自愿结成的全省性、非营利性社会组织，具有独立法人资格，是中国观赏石协会的会员单位。山东省鲁砚协会是经山东省民政厅正式批准，由鲁砚生产企业、营销单位、研发机构和砚界艺术家、收藏家、社会活动家以及知名爱好者志愿组成的全省性、行业性和非营利性的社会团体法人。除省观赏石协会、省鲁砚协会外，各地市、区县大多也成立相应的市县级观赏石、砚石协会（图6-8）。各级观赏石协会的成立，在一定程度上保护了山东省的观赏石资源，促进了有序开发，提升观赏石收藏、营销、研究水平，扩大山东省优秀传统赏石文化的传播和影响，推动观赏石文化事业和产业健康发展。

第二节　资源保护与开发利用建议

沉积岩型观赏石是不可再生的资源，对观赏石资源必须认真保护，合理开发。

(a)

(b)

图6-8 山东省观赏石协会和山东省鲁砚协会

一、制定科学合理的观赏石资源保护措施

要实现观赏石资源的可持续发展，必须进行有节制地开发并实现综合利用。要坚持在保护中开发，在开发中保护的方针，统筹安排观赏石资源的开发、利用和保护任务。保护区要严格以保护为主，可根据实际情况来开发。对大型观赏石要认真保护，重要旅游区、旅游线路中的山岳型景点附近的大型观赏石严禁开采；中、小型观赏石在旅游区及其远景区的洞穴、典型科考矿坑严禁开采；其他洞穴、矿区有计划、有组织地控制开采。科学合理开发古生物化石资源，对有特殊意义、具研究价值的古生物化石依法严格保护，而对无研究意义，但具有观赏价值的古生物化石，可开发出生物化石类观赏石。

二、积极申报观赏石地质文化村（镇），助力乡村旅游和乡村振兴

观赏石是集山水美学、自然科学、历史文化于一身的宝贵自然遗产，是地质、地貌、地理等自然条件与人文活动共同孕育而出的奇妙果实。将观光旅游、休闲度假、科学考察、科普教育、文化追踪综合起来进行开发，是实现观赏石资源可持续发展、乡村振兴和全域旅游发展的必由之路。对特色观赏石产地，要尽快申报地质文化村（镇）予以严格保护，并可作为旅游景点和科普教育基地逐步开发，助力乡村振兴。

三、加强组织管理，提高观赏石开发利用水平

充分发挥自然资源主管部门的政府管理作用，对省内观赏石的开发、交流、贸易等活动加以协调、引导、规范和监督。省观赏石协会可利用省级社团组织的权威性、影响力积极开展工作，扩大宣传力度，普及观赏石知识，提高观赏石欣赏水平。配合有关部门开展观赏石资源的开发和保护工作，对观赏石交易活动中“以次充好、以假乱真”的现象进行有力揭露和打击，以净化观赏石市场。认真组织和协调民间组织和人士参加各级石展，提高山东观赏石在国内外的知名度。

四、发展鉴赏文化

观赏石在几千年的开发利用过程中，造就了独特的观赏石文化，积淀了丰富的历史文化内涵。这些中国传统文化已成为观赏石文化的亮点，但作为当代人，不仅应该继承，还应该发展。首先，要在观赏石岩石学特征研究的基础上，建立一套简单易行的分类方案，以利于观赏石的鉴赏和相关交流。第二，要加强观赏石的成因研究，深化对观赏石的科学认识，为观赏石文化的继承与发展注入科学的和新鲜的血液。第三，建立观赏石鉴赏的系统标准，加强与国内外其他类观赏石的对比，发展观赏石文化。

五、提高观赏石加工的科技含量

积极开发新技术，大力发展深加工、高附加值产品。要不断改进开采、加工技术、更新设备，研究开发新产品、新用途，大力发展高档次、高附加值的保健、装饰产品，使产品形成系列，满足不同层次的需求，实现最佳经济效益。

参考文献

［1］张希雨.鲁砚及其地质特征［J］.山东地质，1993，9（1）：110~119.

［2］孙江洁，殷天涛.鲁砚的基本特征及形成的主要地质环境［J］.山东国土资源，2013，29（5）：15~21.

［3］张建.鲁砚鉴赏［M］.北京：北京燕山出版社，2013：1~119.

［4］罗文强，张尚坤，于学峰，等.沂沭断裂带研究进展综述［J］.山东国土资源，2018，34（05）：74~80.

［5］李洪奎，禚传源，耿科，等.郯—庐断裂带陆内伸展构造：以沂沭断裂带的表现特征为例［J］.地学前缘，2017，24（2）：74~84.

［6］李洪奎，杨永波，耿科，等.山东大地构造相研究方法划分方案与基本特征［J］.山东国土资源，2014，30（4）：1~12.

［7］张增奇，刘书才，杜圣贤，等.山东省地层划分对比厘定意见［J］.山东国土资源，2011，27（9）：1~9.

［8］张增奇，张成基，王世进，等.山东省地层侵入岩构造单元划分对比意见［J］.山东国土资源，2014，30（3）：1~23.

［9］田甜.山东地区新元古界土门群综合地层学分析［D］.山东科技大学，2017，62.

［10］张邦花，田洪水，A J（Tom）van Loon.新元古代沂沭海峡地震引发的软沉积物变形及其微量元素信息［J］.古地理学报.2017，（1）：99~116.

［11］周光照，陈雷，李光金，等.LA-ICP-MS碎屑锆石U-Pb年龄与微体化石组合对鲁西地区佟家庄组沉积时代的约束［J］.地层学杂志，2019，43（3）：229~242.

［12］王世进. 鲁西地区前寒武纪侵入岩期次划分及基本特征［J］.中国区域地质，1991，（2）：298~307.

［13］王世进，万喻生，张成基，等.鲁西地区早前寒武纪地质研究新进展［J］.山东国土资源，2008，24（1）：10~20.

［14］靳立杰，赵体群，高继雷，等.鲁西徂来山地区傲徕山序列二长花岗岩锆石LA-ICP-MS U-Pb定年及其地质意义［J］.山东国土资源，2017，33（12）：1~5.

[15] 王世进，张成基，杨恩秀，等 . 鲁西地区中生代侵入岩期次划分 [J]. 山东国土资源，2009，25（2）：19~24.

[16] 宋明春，徐军祥，王沛成，等. 山东省大地构造格局和地质构造演化 [M]. 北京：地质出版社，2009：1~272.

[17] 李洪奎，杨永波，耿科，等 . 山东重大基础地质问题研究进展 [J]. 岩石学报，2013，29（2）：594~606.

[18] 郭峰 . 碳酸盐岩沉积学 [M]. 北京：石油工业出版社，2011：1~396.

[19] 李刚，王时麒 . 山东临朐红丝砚石的岩石化学特征及成因研究 [J]. 宝石和宝石学杂志，2015，17（2）：17~24.

[20] 兰宇飞，续颜，王忠武 . 宝玉石鉴赏 [J]. 大自然，2007（6）：76~79.

[21] 孟祥振，赵梅芳 . 观赏石鉴赏与文化 [M]. 上海大学出版社，2006.

[22] 何松 . 中国观赏石文化与收藏 [J]. 超硬材料工程，2007，19（3）：54~60.

[23] 张昱 . 我国宝玉石矿床类型及成矿远景 [J]. 中国包装工业，2015（z2）.

[24] 朱桂田，龙萼恒 . 中国宝玉石资源，开发利用现状及开发途径 [J]. 矿产与地质，1995（4）：304~309.

[25] 袁奎荣，邹进福 . 中国观赏石 [J]. 桂林理工大学学报，1994（3）：215~221.

[26] 李洪奎 . 沂沭断裂带构造演化与金矿成矿作用研究 [D]. 山东科技大学，2010.

[27] 马友良 . 地貌学及第四纪地质学（2 版）[M]. 地质出版社，1995.

[28] 曹洋 . 郯庐断裂带山东段晚中生代火山岩地球化学特征及其地质意义 [D]. 合肥工业大学，2009.

[29] 段体玉，王春生 . 浅谈观赏石的分类及其价值评估 [J]. 宝石和宝石学杂志，2007，9（4）：48~51.

[30] 袁奎荣，刘文龙 . 初论我国观赏石资源的特点与开发前景 [C]// 全国有色、冶金地质系统岩矿学术交流会 .1991.

[31] 孟华 . 中国山岳型“世界自然—文化遗产”的人地和谐论 [D]. 河南大学，2006.

[32] 张玉 . 太湖石在当代社会中的公共价值 [J]. 汉字文化，2017（13）：77~78.

[33] 马子恺 . 玲珑剔透灵秀飘逸——话说太湖石的欣赏和收藏 [J]. 中国城市金融，2014（5）：74~75.

[34] 许维磊 . 北京房山石研究 [D]. 天津大学，2008.

[35] 李化芳 . 淄博赏石资源 [J]. 园林科技，2003 (3)：32+37.

[36] 杜娟 . 基层民间工艺调查与产品开发的可行性研究 [D]. 青岛科技大学，2011.

[37] 魏夫翔 . 奇特美妙的“天景石”[J]. 花木盆景（花卉园艺），1997 (4)：48.

[38] 吴洪艳，陈华国，朱宁 . 山东平邑“金钱石”地质特征及成因浅析 [J]. 山东国土资源，2013，29 (7)：46~48.

[39] 王洪德 . 稀有罕见的金钱石 [J]. 花木盆景（盆景赏石），2004 (1)：46~47.